普通高等教育“十三五”规划教材

电子信息科学与工程类专业规划教材

蜂窝移动通信网络规划与优化

曾菊玲　编著

電子工業出版社
Publishing House of Electronics Industry
北京 · BEIJING

内 容 简 介

本书系统地阐述蜂窝移动通信网络规划与优化的基本原理与技术。全书共 8 章，分别为蜂窝移动通信网络架构及标准、无线网络规划概述、移动通信电波传播模型及校正、天线及规划、蜂窝小区初始规划、业务估算与小区容量规划、小区覆盖规划和链路预算、频率规划与干扰控制。前 4 章是基础，后 4 章从不同侧面讲述规划的原理与技术。本书提供配套电子课件。

本书可作为高等学校通信工程、物联网工程、网络工程等专业的高年级本科生及研究生相关课程的教材，也可供相关领域的工程技术人员学习、参考。

图书在版编目 (CIP) 数据

蜂窝移动通信网络规划与优化 / 曾菊玲编著. —北京：电子工业出版社，2017.1
电子信息科学与工程类专业规划教材
ISBN 978-7-121-30357-9

I. ①蜂… II. ①曾… III. ①蜂窝式移动通信网－高等学校－教材 IV. ①TN929.53

中国版本图书馆 CIP 数据核字(2016)第 274231 号

策划编辑：王晓庆
责任编辑：王晓庆
印　　刷：北京虎彩文化传播有限公司
装　　订：北京虎彩文化传播有限公司
出版发行：电子工业出版社
　　　　　北京市海淀区万寿路 173 信箱　　邮编：100036
开　　本：787×980　1/16　印张：10　字数：211 千字
版　　次：2017 年 1 月第 1 版
印　　次：2021 年 12 月第 7 次印刷
定　　价：45.00 元

凡所购买电子工业出版社图书有缺损问题，请向购买书店调换。若书店售缺，请与本社发行部联系，联系及邮购电话：(010)88254888，88258888。

质量投诉请发邮件至 zlts@phei.com.cn，盗版侵权举报请发邮件至 dbqq@phei.com.cn。

本书咨询联系方式：(010)88254113，wangxq@phei.com.cn。

前　言

一个万物相连的伟大时代正在出现。在物联网时代，如何为用户提供随时随地可用的、可靠的无线网络是通信网要解决的首要问题，蜂窝移动通信具有高效、快捷、便利、可靠等特点，必然成为无线接入的首选方式，也必然成为这个时代的基石。

在蜂窝网络的建设和维护中，存在以下问题：一方面，用户业务量需求和业务种类需求快速增长，网络建设必须充分满足用户需求，使用户满意度最高；另一方面，蜂窝移动通信技术快速发展，网络建设需要考虑如何恰当地使用这些技术来提高系统的有效性和可靠性，最终提高用户满意度；最后，移动通信的信道是开放的、时变的，有各种衰落和损耗，网络建设需要采取多种措施克服这些因素的干扰，提高系统性能，同时，网络规模和网络设施性能及布置也会影响网络容量，影响用户满意度，总之，用户满意度、网络性能和网络建设维护成本之间存在矛盾，需要合理规划和优化。无线网络规划和优化不仅需要系统外知识，也需要系统内知识，不仅需要工程实践经验，也需要扎实的理论基础，需要掌握系统知识的工程技术员和科研人员，因此，无线网络规划和优化课程应运而生。

所谓的无线网络规划，是在建网之前，根据蜂窝移动网络的特性及需求，设定相应的工程参数和无线资源参数，在满足一定的信号覆盖、系统容量和业务质量要求的前提下，使建网工程及成本降到最低，因此，它包含两方面的内容：一是如何保证通信质量；二是如何降低建网成本。所谓的无线网络优化，是在建网之后，通过对已运行的移动通信网络进行业务数据分析、测试数据采集、参数分析、硬件检查等手段，找出影响网络质量的原因，通过参数的修改、网络结构的调整、设备配置的调整和采取某些技术手段，确保系统高质量运行，并且使现有网络资源获得最佳效益，以最经济的投入获得最大的收益。

但是，无线网络规划和优化课程目前在高校开设还不普及（尤其是在本科生中），也没有太多的合适教材。目前的教材大致分为两类，一类是为工程技术人员所写，包含大量的现场施工经验和技术常识，但也存在理论基础不完善、知识没有系统化、不便于本科生学习的缺点，另一类是研究生教材，主要讲述通信新技术与新型组网技术，为培养高级研发人员准备，理论基础要求太高，本科生难以适应。本书试图弥补二者缺陷，针对本科生特点，安排了一些数学基础和专业基础理论，比如，比较详细地介绍通信网络架构、电波传播模型、天线理论、业务量模型等，同时，也注重结合工程实际，比如，给出一些具体标准、工程参数与示例，另外，也引入了一些新技术，比如，频率规划新技术等，教学目的主要放在系统外部规划上，在习题的安排上，除了一些加强基础知识的习题外，还有一些系统设计的综合题，以及关于新技术应用的研讨题。本书每一章的开始都安排了本章导读，力图帮助读者理解本章内容各部分之间的关系，以及和蜂窝网络规划、优化的关系，加强知识的系统性。另外，根据通信网络的发展趋势，本书仅针对蜂窝通信的规划与优化。

本书系统地阐述蜂窝移动通信网络规划与优化的基本原理与技术，全书共 8 章，分别为蜂窝移动通信网络架构及标准、无线网络规划概述、移动通信电波传播模型及校正、天线及规划、蜂窝小区初始规划、业务估算与小区容量规划、小区覆盖规划和链路预算、频率规划与干扰控制。前 4 章是基础，后 4 章从不同侧面讲述规划的原理与技术。

本书可作为高等学校通信工程、物联网工程、网络工程等专业的高年级本科生及研究生相关课程的教材，也可供相关领域的工程技术人员学习、参考。

本教材得到了国家重点研发计划（2016YFB0800403）、湖北省自然科学基金创新群体项目（No. 2015CFA025）的支持。

为适应教学模式、教学方法和手段的改革，本书提供配套电子课件，请登录华信教育资源网（http://www.hxedu.com.cn）注册下载，也可联系本书编辑（wangxq@phei.com.cn）索取。

由于作者水平和经验有限，书中难免出现不妥之处，敬请读者批评指正。

作　者

2017 年 1 月

目　录

第 1 章　蜂窝移动通信网络架构及标准

本章导读

蜂窝移动通信是 20 世纪人类最伟大的科技成果之一。1946 年，移动通信的先驱者 AT&T 推出了第一个移动电话，开辟了通信领域一个崭新的发展空间。然而，移动通信真正走向商用，还应从蜂窝移动通信的出现算起。蜂窝移动通信一经推出，便得到了飞速发展，从 20 世纪 70 年代末推出第一代蜂窝移动通信至今，短短 30 多年的时间，蜂窝移动通信已经走过了 4 代历程，目前正在向第 5 代迈进，未来 5G 标准对物联网的支持，必将把人类社会带入一个高度智能化的社会。蜂窝移动通信已成为主要的无线接入方式。

蜂窝移动通信的主要特点是频率复用及基于小区制的蜂窝无线组网方式。通过频率复用，从技术上解决了频率资源有限、用户容量受限、无线电波传输干扰等问题，通过包含基站子系统和移动交换子系统等设备的网络结构，以无线通道连接终端和网络设备，支持用户在移动中通信，并具有越区切换和跨本地网自动漫游功能，使得用户在信号覆盖范围内随时随地进行通信成为可能，提供了容纳众多用户和提供话音、数据、视频图像等业务的公众移动通信，极大地方便了人们的生活。随着技术的进步，其传输方式、组网方式、网络架构的不断改进，使网络容量、业务种类及质量、移动性支持不断得到提高，蜂窝移动通信得到越来越广泛的应用。

在移动通信的发展过程中，通信标准起到了决定性作用。蜂窝移动通信标准是由各标准化组织提出、国际电联（ITU）接纳的蜂窝移动通信各个发展时期的技术规范总和，一般包括网络架构、传输技术、组网及核心网技术，以及相应的控制规程和信令等，指导移动通信的研发、产业及建网。协议标准及其实现技术决定了蜂窝移动网络性能，也决定了建网成本，因此，了解通信标准的发展变化、掌握各代标准的网络架构及技术，是蜂窝移动网络规划与优化的基础。

网络架构决定了网络组成、通信功能划分及相应的控制规程，是通信协议标准的基础。

本章从蜂窝移动通信网络体系结构入手，首先介绍通信网的一般组成、2G/3G/4G

网络架构及其比较，接着介绍通信网络协议结构，然后介绍移动通信不同发展阶段的标准及其相应的网络架构和组成，主要包括 GSM、3G、4G 及未来 5G 标准，最后介绍蜂窝移动通信标准，包括 AMPS/GSM/IS-95/WCDMA/CDMA-2000/TD-SCDMA/HSDPA/HSUPA/LTE/LTE-A/5G 等。

本章要求在理解接入网、核心网一般概念的基础上，着重掌握 2G/3G/4G 网络架构及组成，了解未来网络架构趋势，了解移动通信不同发展阶段的标准及主要技术，了解移动通信发展的未来趋势。

1.1 蜂窝移动通信网络体系结构

将一个用户的信息送到另一个用户的全部设施通常称为一个通信系统，以蜂窝移动系统传送用户信息的称为蜂窝移动通信系统，通信网络则可视为通信系统的系统，包含所有的通信设备和通信规程，因此，通信网络体系结构不仅包含设备组成及其接口定义，还包含功能划分、协议分层等内容，本节介绍蜂窝移动通信网络的组成及协议模型。

1.1.1 通信网组成

传统通信网络由传输、交换、终端三部分组成，其中，传输与交换构成通信网络，传输部分为网络的链路，交换部分为网络的节点，随着通信的发展，形成了复杂的通信网络体系，为了更清晰地描述现代通信网络结构，采用网络分层概念。从纵向分层的观点来看，可以采用计算机网络的开放系统互联七层模型，但在通信网中，一般采用应用层、业务网、传送网的概念。水平描述则是基于用户接入网络实际的物理连接来划分的，可分为用户住地网、接入网和核心网，或局域网、城域网和广域网。

核心网是将业务提供者与接入网，或者将接入网与其他接入网连接在一起的网络，通常指除接入网和用户住地网之外的网络部分。例如，可以把移动网络划分为三个部分，基站子系统、网络子系统和系统支撑部分（比如，安全管理）。核心网部分就是网络子系统，主要作用是把 A 口上来的呼叫请求或数据请求，接续到不同的网络上，主要涉及呼叫接续及计费、移动性管理、补充业务实现、智能触发等方面，主体支撑在交换机。

按照 ITU-T G.902 的定义，接入网（AN）是将用户设备连接到核心网的网络，由业务节点接口（Service Node Interface，SNI）和相关用户网络接口（User Network

Interface，UNI）之间的一系列传送实体（诸如线路设施和传输设施）所组成，它是一个为传送电信业务提供所需传送承载能力的实施系统，如图 1-1 所示。

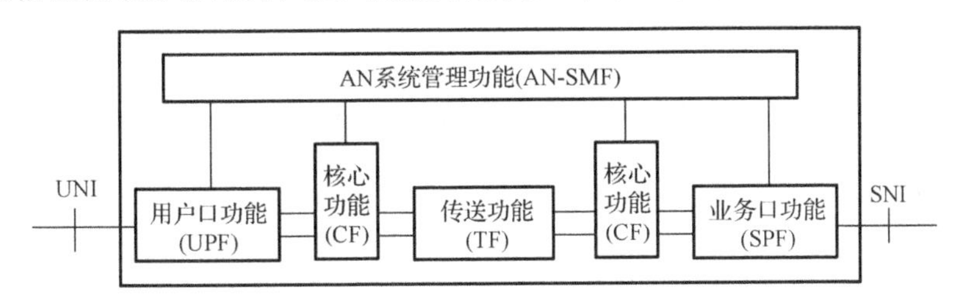

图 1-1　接入网定义

接入网所覆盖的范围可由三个接口来定界：用户网络接口 UNI，业务节点接口 SNI，管理接口 Q3。其中，业务节点（Service Node，SN）是提供业务的实体，可提供规定业务的业务节点有本地交换机、租用线业务节点或特定配置的点播电视和广播电视业务节点等。业务节点接口（SNI）是接入网（AN）和业务节点（SN）之间的接口，是 SN 通过 AN 向用户提供电信业务的接口，包括特定业务的业务接口和模块化业务接口；用户网络接口（UNI）是用户和网络之间的接口，UNI 分为单个 UNI 和共享 UNI，如：PSTN、ISDN（单 UNI），ATM（共享 UNI）；Q3 管理接口是接入网与电信管理网（Telecommunications Management Network，TMN）间的接口，进行配置管理、故障管理、性能管理、安全管理，可分为及时管理和非及时管理。

根据接入网框架和体制的要求，接入网的重要特征可以归纳为如下几点。

（1）接入网对于所接入的业务提供承载能力，实现业务的透明传送。

（2）接入网对用户信令是透明的，除了一些用户信令格式转换外，信令和业务处理的功能依然在业务节点中。

（3）接入网的引入不应影响现有的各种接入类型和业务，接入网与用户间的 UNI 接口应该能够支持目前网络所能提供的各种接入类型和业务，并能适应新的业务和接入类型，接入网应通过有限的标准化接口与业务节点相连。

（4）接入网有独立于业务节点的网络管理系统，该系统通过标准化的接口连接 TMN，TMN 实施对接入网的操作、维护和管理。

接入网的关联方法：一个 AN 可与多个 SN 相连，UNI 与 SN 的关联静态，即通过与相关 SN 的协调指配功能完成。

1.1.2　2G/3G/4G 网络结构比较

蜂窝移动通信网络是移动用户与核心网之间的接入网，本身又可分为接入和核心两部分，其发展已经经历了 2G/3G/4G，正在迈向 5G，弄清楚各代网络架构及其发展变化，对于蜂窝网络规划与优化极其重要。

1. GSM 网络结构

GSM 移动蜂窝网络可以划分为三部分：基站子系统、网络子系统和系统支撑部分（比如安全管理等）。其网络子系统位于核心网部分，基站子系统即为接入网，A 口为核心网与接入网的接口，主要作用是把 A 口上来的呼叫请求或数据请求，接续到不同的网络上。GSM 网络结构如图 1-2 所示。

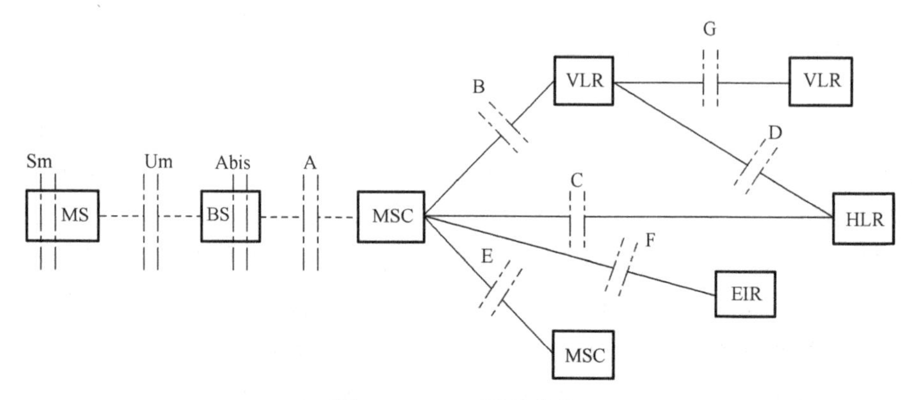

图 1-2　GSM 网络结构

主要设备功能简介如下。

1）移动台（MS）

移动台通过无线接口 Um 接入 GSM 系统，通过用户识别模块（SIM），亦称 SIM 卡，提供与使用者之间的接口，具有无线传输与处理功能。

2）基站子系统（BSS）

基站子系统主要由基站收发信机（BTS）和基站控制器（BSC）构成，BTS 可以直接与 BSC 相连接，也可以通过基站接口设备（BIE）采用远端控制的连接方式与 BSC 相连接。此外，基站子系统为了适应无线与有线系统使用不同传输速率进行传输，在 BSC 与 MSC 之间增加了码变换器及相应的复用设备。GSM 系统的基站子系统（BSS）通过无线接口 Um 与移动台相接，进行无线发送、接收及无线资源管理。另一方面，基站子系统通过接口 A 与网络子系统（NSS）中的移动交换中心（MSC）相连，实现移动用户与固定网络用户之间或移动用户之间的通信连接。

3）网络子系统（NSS）

（1）移动交换中心（MSC）。移动交换中心（MSC）是网络的核心，面向下列功能实体提供交换功能：基站子系统、原籍位置寄存器、鉴权中心、移动设备识别寄存器、操作维护中心和固定网（公用电话网、综合业务数字网等）。从而把移动用户与固定网用户、移动用户与移动用户之间互相连接起来，从三种数据库（原籍用户位置寄存器、访问用户位置寄存器和鉴权中心）获取有关处理用户位置登记和呼叫请求等所需的全部数据，支持位置登记和更新、过区切换和漫游服务等多项功能。

（2）原籍用户位置寄存器，简称 HLR，GSM 系统的中央数据库，存储该 HLR 管辖区的所有移动用户的有关数据。其中，静态数据有移动用户码、访问能力、用户类别和补充业务等。此外，HLR 还暂存移动用户漫游时的有关动态信息数据。

（3）访问用户位置寄存器，简称 VLR，存储进入其控制区域内来访移动用户的有关数据，这些数据是从该移动用户的原籍位置寄存器获取并进行暂存的，一旦移动用户离开该 VLR 的控制区域，临时存储的该移动用户的数据就会被消除。VLR 可视为一个动态用户的数据库。

（4）鉴权中心。GSM 系统采取了特别的通信安全措施，包括对移动用户鉴权，对无线链路上的话音、数据和信令信息进行保密等。因此，鉴权中心存储着鉴权信息和加密密钥，用来防止无权用户接入系统和保证无线通信安全。

（5）移动设备识别寄存器。移动设备识别寄存器（EIR）存储着移动设备的国际移动设备识别码（IMEI），通过核查白色、黑色和灰色三种清单，运营部门就可判断出移动设备是属于准许使用的，还是失窃而不准使用的，还是由于技术故障或误操作而危及网络正常运行的 MS 设备，以确保网络内所使用的移动设备的唯一性和安全性。

（6）操作与维护中心。网络操作与维护中心（OMC）负责对全网进行监控与操作。例如，系统的自检、报警与备用设备的激活，系统的故障诊断与处理，话务量的统计和计费数据的记录与传递，以及与网络参数有关的各种参数的收集、分析与显示等。

4）网络接口

（1）主要接口。GSM 系统的主要接口是指 A 接口、Abis 接口和 Um 接口。这三种主要接口的定义和标准化可保证不同厂家生产的移动台、基站子系统和网络子系统设备能够纳入同一个 GSM 移动通信网中运行和使用。

A 接口。A 接口定义为网络子系统（NSS）与基站子系统（BSS）之间的通信接口。从系统的功能实体而言，就是移动交换中心（MSC）与基站控制器（BSC）之间的互连接口，其物理连接是通过采用标准的 2.048Mbps PCM 数字传输链路来实现的。此接口传送的信息包括对移动台及基站管理、移动性及呼叫接续管理等。

Abis 接口。Abis 接口定义为基站子系统的基站控制器（BSC）与基站收发信机两个功能实体之间的通信接口，用于 BTS（不与 BSC 放在一处）与 BSC 之间的远端互连方式，它是通过采用标准的 2.048Mbps 或 64kbps PCM 数字传输链路来实现的。此接口支持所有向用户提供的服务，并支持对 BTS 无线设备的控制和无线频率的分配。

Um 接口（空中接口）。Um 接口定义为移动台（MS）与基站收发信机（BTS）之间的无线通信接口，它是 GSM 系统中最重要、最复杂的接口。

（2）网络子系统内部接口：包括 B、C、D、E、F、G 接口。

B 接口。B 接口定义为移动交换中心（MSC）与访问用户位置寄存器（VLR）之间的内部接口。用于 MSC 向 VLR 询问有关移动台（MS）当前位置信息或者通知 VLR 有关 MS 的位置更新信息等。

C 接口。C 接口定义为 MSC 与 HLR 之间的接口，用于传递路由选择和管理信息。两者之间是采用标准的 2.048 Mbps PCM 数字传输链路实现的。

D 接口。D 接口定义为 HLR 与 VLR 之间的接口，用于交换移动台位置和用户管理的信息，保证移动台在整个服务区内能建立和接受呼叫。由于 VLR 综合于 MSC 中，因此 D 接口的物理链路与 C 接口相同。

E 接口。E 接口为相邻区域的不同移动交换中心之间的接口。用于移动台从一个 MSC 控制区到另一个 MSC 控制区时交换有关信息，以完成越区切换。此接口的物理链接方式是采用标准的 2.048Mbps PCM 数字传输链路实现的。

F 接口。F 接口定义为 MSC 与移动设备识别寄存器（EIR）之间的接口，用于交换相关的管理信息。此接口的物理链接方式也是采用标准的 2.048Mbps PCM 数字传输链路实现的。

G 接口。G 接口定义为两个 VLR 之间的接口。当采用临时移动用户识别码（TMSI）时，此接口用于向分配 TMSI 的 VLR 询问此移动用户的国际移动用户识别码（IMSI）的信息。G 接口的物理链接方式与 E 接口相同。

（3）GSM 系统与其他公用电话网接口。GSM 系统通过 MSC 与公用电信网互连。一般采用 7 号信令系统接口。其物理链接方式是 MSC 与 PSTN 或 ISDN 交换机之间采用 2.048Mbps 的 PCM 数字传输链路实现的。

2．3G 网络架构

3G 网络架构如图 1-3 所示。

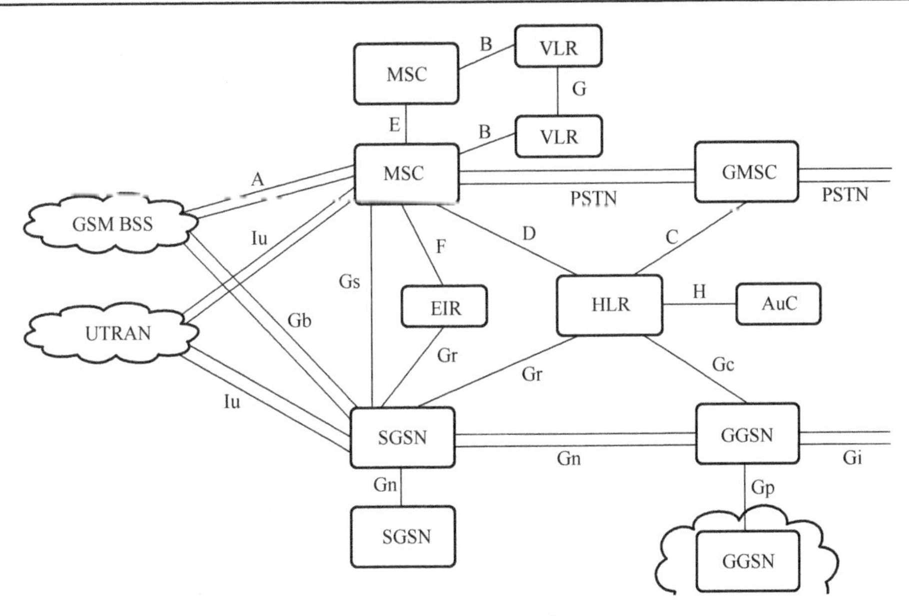

图 1-3　3G 网络架构

1）核心网

3G 网络包括核心网和接入网两部分，与 GSM 的核心网不同的是，核心网（CN）包括支持网络特征和通信服务的物理实体，提供的基本通信业务为电路交换呼叫的交换和分组数据的路由，此外还有增值业务，因此核心网部分从逻辑上分为电路交换（CS）域和分组交换（PS）域，提供包括用户位置信息管理、网络特征、服务控制、信令和用户信息的交换传输机制等功能。

CS 域包括以下实体。

（1）移动交换中心（MSC）。MSC 构成了无线系统和固定网络之间的接口，执行处理电路交换业务的所有必要的功能，通常一个 MSC 和多个基站接口。MSC 和固定网中交换机的区别在于，MSC 还需要考虑无线资源分配的影响及用户移动性、执行位置登记和切换时的处理过程。MSC/VLR 功能单元负责电路交换连接管理、移动性管理（MM），如地址更新、地址登记、呼叫和安全事务等功能。

（2）网关移动交换中心（GMSC）。GMSC 功能单元负责和其他网络的输入/输出连接。在连接管理中，GMSC 和服务 MSC/VLR 建立了一个呼叫路径，通过这种方式寻找呼叫用户。

（3）互通功能（IWF）。IWF 是和 MSC 关联的功能实体。IWF 提供了 PLMN 和固定网（ISDN、PSTN、PDN 等）之间互通的必要功能，其功能取决于不同的业务和固定网的类型。IWF 要求将 PLMN 中使用的协议转换为特定固定网使用的协议，当 PLMN 中使用的业务实现和固定网兼容时，IWF 则不需要工作。

PS 域包括以下实体。

（1）服务 GPRS 支持节点（SGSN）。SGSN 节点支持通向接入网的分组通信，在 GSM BSS 中，接口是 Gb；在 UTRAN 中，接口则是 Iu。SGSN 主要负责 MM（移动性管理）相关事务，如路由区域更新、地址登记、分组寻呼和控制分组通信的安全机制等，即 SGSN 主要执行分组数据的路由和转发，负责跟踪登记移动台的位置信息，具有网络接入控制、用户数据管理及计费、网络管理等功能。SGSN 中的本地登记功能存储了两类处理发起和终止的分组数据传输用户数据：①用户信息，包括 IMSI、临时识别号和 PDP 地址；②位置信息，包括 MS 登记的路由区域（取决于 MS 的操作模式），相关 VLR 的序号，以及存在相关的激活 PDP 上、下文的每个 GGSN 的地址。

（2）网关 GPRS 支持节点（GGSN）。GGSN 主要完成移动性管理、路由选择和转发等功能，提供 GPRS PLMN 与外部分组数据网的接口，完成不同网络之间数据格式、信令协议和地址信息的转换，并提供必要的网间安全机制（如防火墙）。GGSN 的位置登记功能存储了来自 HLR 和 SGSN 的两类用户数据：①用户信息，包括 IMSI（国际移动用户识别码）和 PDP 地址（用户网络层地址）；②位置信息，包括 MS 登记的 SGSN 地址。

两者的公共实体主要包括以下部分。

（1）归属位置寄存器（HLR）。HLR 负责管理移动用户的数据库，用于存储管理归属移动用户的信息，包括用户的签约信息、用于计费和路由呼叫所需的位置信息等。

（2）拜访位置寄存器（VLR）。VLR 负责用户的位置登记和位置信息的更新，存储位于管辖区内的移动用户信息。该数据库含有一些用户的临时信息（保留在其服务区内用户的数据），如手机鉴权、当前所处的小区（或小区组）等信息。

（3）鉴权中心（AuC）。AuC 负责存储移动用户用于鉴权和在空中接口加密时所需的数据，防止非法用户接入系统，并保证通过无线接口的用户数据安全。

（4）设备标识寄存器（EIR）。EIR 是负责国际移动设备标识（IMEI）的数据库，完成对移动设备的鉴别和监视，并拒绝非法移动台接入网络。

（5）短信服务网关 MSC（SMS-GMSC）。SMS-GMSC 作为短消息业务中心和 PLMN 之间的接口，使得短消息能够从业务中心（SC）传送到移动台（MS）。

（6）短信服务互连 MSC（SMS-IMSC）。SMS-IMSC 作为 PLMN 和短消息业务中心之间的接口，使得短消息能够从移动台传送到业务中心。

2）3G 网络与 GSM 网络在接入部分的区别

前者采用无线接入网 RAN，后者采用基站子系统。3G 网络的接入网将在 1.1.3 节详细介绍。

3. 4G 网络架构：将改 RAN 为 CAN 结构

整个 LTE 网络从接入网和核心网方面分为 E-UTRAN 和 EPC。首先，接入网方面，它不再包含两种功能实体，整个网络只有一种基站 eNodeB，它包含整个 NodeB 和部分 RNC 的功能；其次，EPC（Evolved Packet Core）方面，它对之前的网络结构能够保持前向兼容，而自身结构方面，也不再有之前各种实体部分，取而代之的主要就换成了移动管理实体 MME（Mobile Management Entity）与服务网关 S-GW，分组数据网关，外部网络只接入 IP 网。

LTE 网络结构如图 1-4 所示。

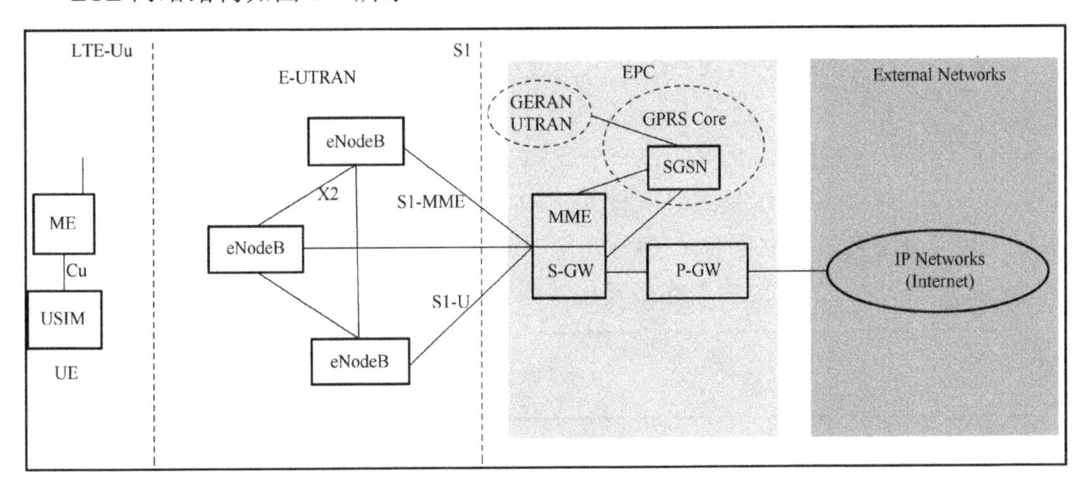

图 1-4　LTE 网络结构

1.1.3　3G 无线接入网结构及设备

以 3G UMTS 系统的接入网为例，UMTS 系统按照功能可分为两个基本域，用户设备域（User Equipment Domain）和基本架构域（Infrastructure Domain），如图 1-5 所示。用户设备域进一步划分为用户业务识别模块（USIM）域和移动设备（ME）域；基本架构域进一步划分为接入网（RAN）域和核心网（CN）域。总体来讲，UMTS 系统由用户设备（UE）域、接入网（RAN）域和核心网（CN）域组成。

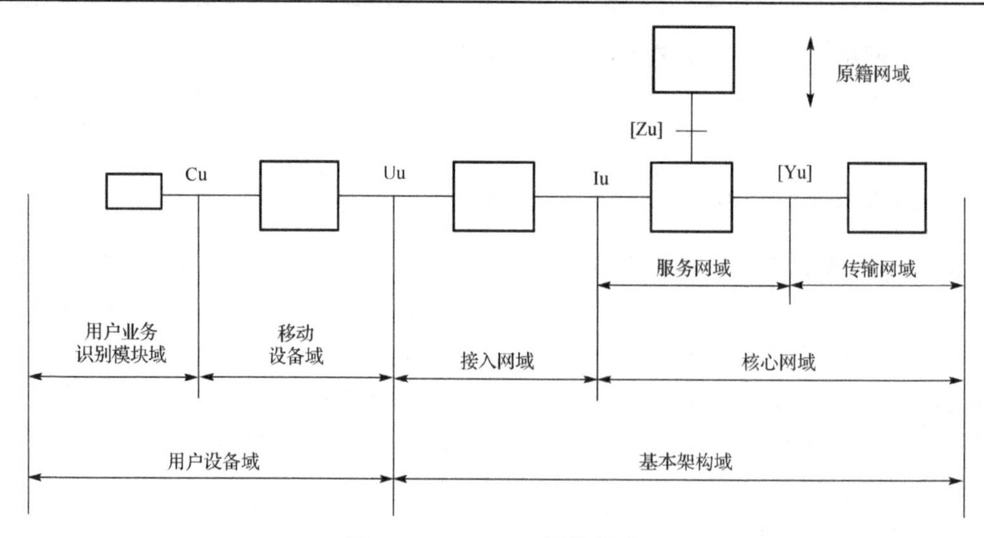

图 1-5 3G UMTS 网络组成

UMTS 的无线接入网（UTRAN）由无线网络子系统（RNS）组成，这些 RNS 通过 Iu 接口和核心网相连，通过 Uu 接口与用户设备域相连，如图 1-6 所示。一个 RNS 包括一个无线网络控制器（RNC）和一个或多个 Node B，Node B 通过 Iub 接口和 RNC 相连，可支持 FDD、TDD 模式或双模式，RNC 负责 UE 的切换控制，提供支持不同 Node B 间宏分集信息流的组合/分裂等功能，RNS 之间的 RNC 通过 Iur 接口相连，Iur 接口可以通过 RNC 之间的物理连接直接相连，也可以通过任何合适的传输网络相连。

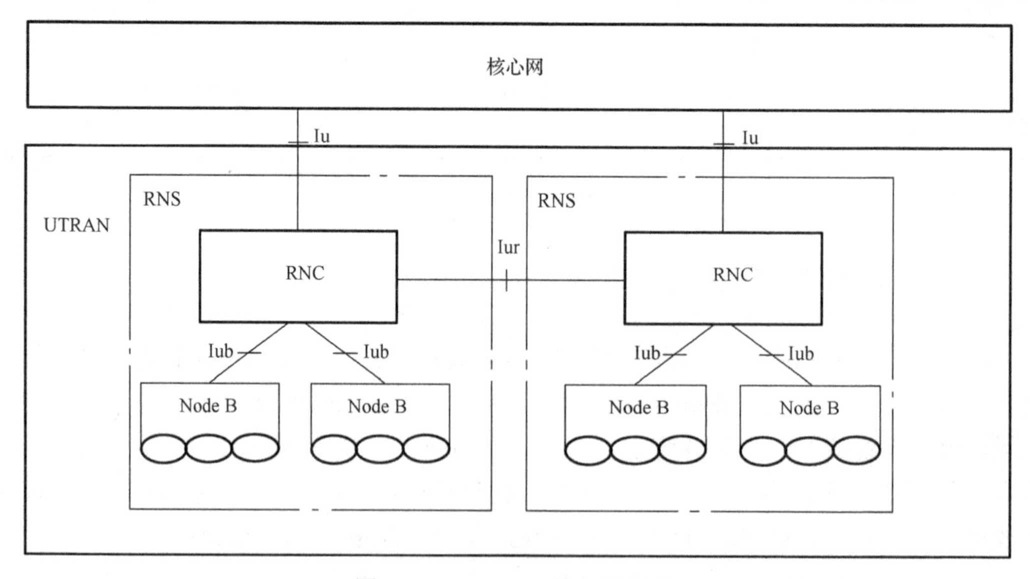

图 1-6 3G UMTS 接入网组成

1. 用户设备/移动台

UE 是蜂窝移动通信网中用户使用的设备，是用户能够直接接触的蜂窝通信系统中的唯一设备，包括手持机、车载台和便携式台。UE 通过无线接口提供接入蜂窝移动通信系统的无线处理功能，还提供与使用者之间的接口，比如话筒、扬声器、显示屏和按键，或者提供与其他一些终端设备之间的接口，比如与个人计算机或传真机之间的接口，或同时提供这两种接口。根据应用与服务情况，UE 可以是单独的移动终端（MT）或者是直接与终端设备（TE）相连接的移动终端（MT），或者是通过相关终端适配器（TA）与终端设备（TE）相连接的移动终端（MT），如图 1-7 所示。

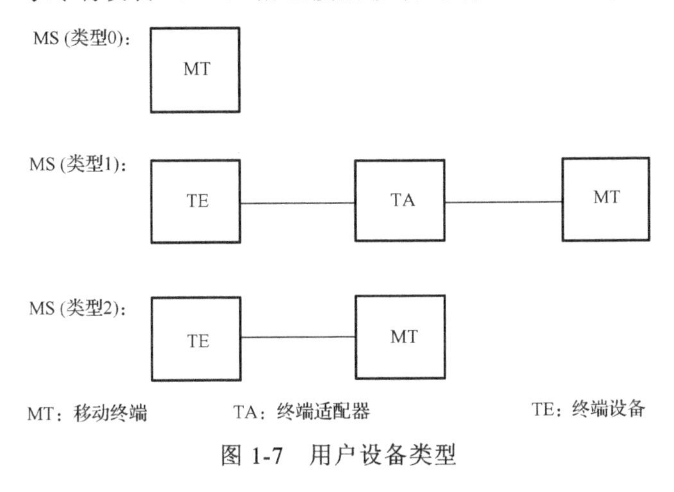

图 1-7　用户设备类型

2. 基站（Node B）

（1）基本功能：基站（Node B，也称为 Base Station，简称 BS）位于 Uu 接口和 UMTS 的 Iub 接口之间。对于用户终端而言，Node B 的主要任务是实现 Uu 接口的物理功能，通过 Uu 接口，Node B 可以实现 WCDMA 无线接入物理信道的功能，并且能把来自传输信道的信息根据 RNC 的安排映射到物理信道；而对于网络端而言，Node B 的主要任务是通过使用为各种接口定义的协议栈来实现 Iub 接口的功能。

（2）结构及工作机制：基站的主要作用是实现逻辑信道与物理信道之间的映射。基站的逻辑信道如图 1-8 所示，分为控制信道和业务信道，其中广播控制信道用以移动台的日常管理和通信常数的广播，公共控制信道是一种“一点对多点”的双向控制信道，其用途是在呼叫接续阶段，传输链路连接所需要的控制信令与信息，专用控制信道是基站与移动台间的点对点的双向信道，用以控制用户的通信过程。业务信道是用户站和基站之间的通信通路，用于用户业务和信令信号传输，业务信道实际上包括成对的前向业务信道和反向业务信道，一个通信的发起一般从公众信道开始，再转入专用信道，最后在业务信道上实现。从网络端来看，在 Iub 端，Node B 分成两个逻辑实体：公共传输信道和业务结束点，如图 1-9 所示。公共传输信道实体中还包含一个基站控制器，用于操作和维护；业务结束点由基站通信内容决定，基站通信内容由所有的专用资源提请要求形成，这些要求是由处于专用模式的 UE 发起的，一个基站通信内容中至少包含一个通信专用信道，特殊情况只包含一个下行共享信道。基站由几个称之为小区的逻辑实体构成，每个小区都有自己的 ID，并且对用户公共可见，通过广播信道发送给用户，一个小区至少包含一个 TRX，按照一定的规则，TRX 将从 Iub 口来的数据发射到无线信道和实际环境中。

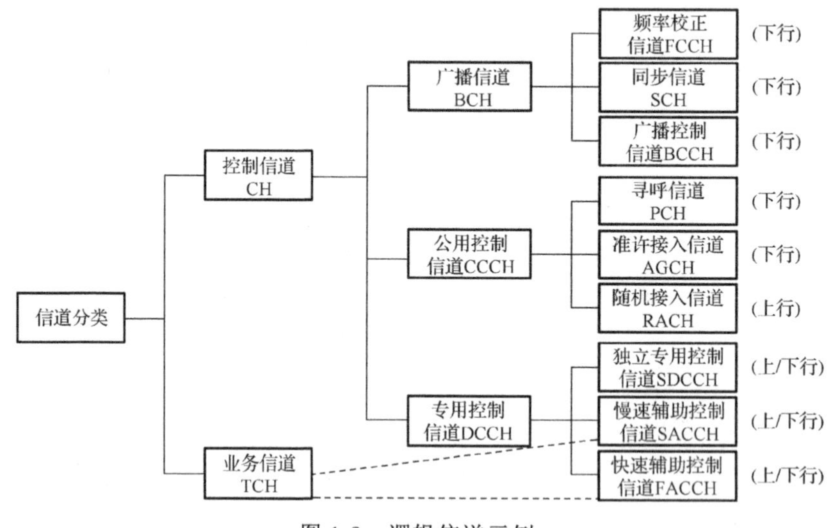

图 1-8 逻辑信道示例

3. 无线网络控制器

（1）无线网络控制器（Radio Network Controller，RNC）是 UTRAN 的交换和控制元素，RNC 位于 Iub 和 Iu 接口之间，它也可能会有第三个接口 Iur，主要用于 RNS 间的连接。RNC 的实现也是非常独立的，但是也有一些公共特性，如图 1-10 所示。

（2）RNC 可分为 CRNC、SRNC、DRNC，其中，CRNC 控制 NodeB（如终止通向 NodeB 方向的 Iub 接口）的 RNC，CRNC 管理所属小区的负载和拥塞控制，还为所属小区待建的无线新连接进行接纳控制和码字分配。SRNC 负责启动、终止用户的数据传输、控制和核心网的 Iu 连接及通过无线接口协议与 UE 信令交互，DRNC 控制 UE 使用的小区资源，可进行宏分集合并、分裂。

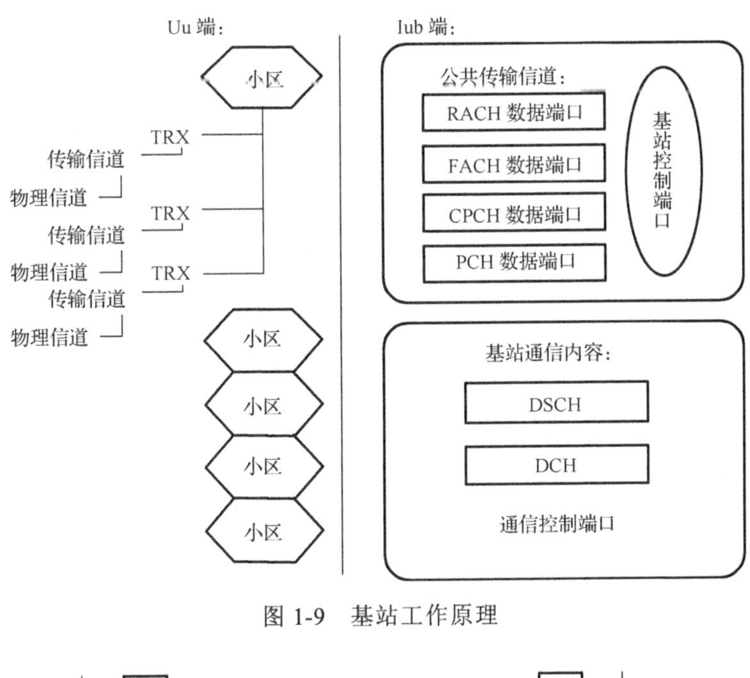

图 1-9　基站工作原理

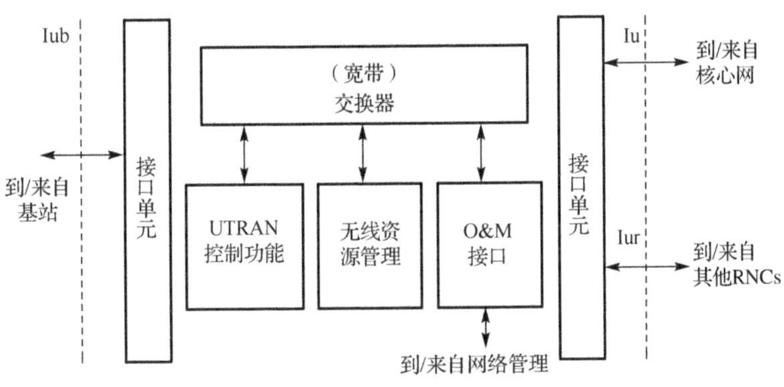

图 1-10　无线网络控制器结构

（3）RNC 的整个功能可以分为两部分：UTRAN 无线资源管理（Radio Resource Management，RRM）和控制功能。UTRAN RRM 是一系列算法的集合，主要用于保持无线传播的稳定性和无线连接的 QoS，包括接入控制（AC）、切换（HO）、负载控制（LC）、功率控制（PC）和动态信道分配（DCA）等。UTRAN 控制功能包含所有和 RB 建立、保持和释放相关的功能，这些功能能够支持 RRM 算法。

1.2 通信网络协议结构

1. OSI 协议结构模型

OSI（Open System Interconnect），即开放式系统互联，一般都称为 OSI 参考模型，是 ISO（国际标准化组织）在 1985 年研究的网络互联模型。该体系结构标准定义了网络互连的七层框架（物理层、数据链路层、网络层、传输层、会话层、表示层和应用层），即 ISO开放系统互连参考模型。在这一框架下进一步详细规定了每一层的功能，以实现开放系统环境中的互联性、互操作性和应用的可移植性。

开放系统OSI 标准将整个庞大而复杂的问题划分为若干容易处理的小问题，即分层，每个层次完成一定的通信功能。在 OSI 中，采用了三级抽象，即体系结构、服务定义和协议规定说明。所谓体系结构，即 OSI 参考模型定义了开放系统的层次结构、层次之间的相互关系及各层所包含的可能的服务。它是作为一个框架来协调和组织各层协议的制定，也是对网络内部结构最精练的概括与描述。OSI 的服务定义详细说明了各层所提供的服务。某一层的服务就是该层及其下各层的一种能力，它通过接口提供给更高一层。各层所提供的服务与这些服务是怎么实现的无关。同时，各种服务定义还定义了层与层之间的接口和各层的所使用的原语，但是不涉及接口是怎么实现的。OSI 标准中的各种协议精确定义了应当发送什么样的控制信息，以及应当用什么样的过程来解释这个控制信息。协议的规程说明具有最严格的约束。

ISO/OSI 参考模型只是描述了一些概念，用来协调进程间通信标准的制定，并没有提供一个可以实现的方法。在 OSI 范围内，只有在各种协议可以被实现并且各产品只有和 OSI 的协议相一致才能互联，准确地说，OSI 参考模型并不是一个标准，而只是一个在制定标准时所使用的概念性的框架。

ISO 将整个通信功能划分为七个层次，划分原则是对等、开放、互联：（1）网路中各节点都有相同的层次；（2）不同节点的同等层具有相同的功能；（3）同一节点内相邻层之间通过接口通信；（4）每一层使用下层提供的服务，并向其上层提供服务；（5）不同节点的同等层按照协议实现对等层之间的通信。

OSI 协议模型的分层结构：应用层，通过软件应用实现网络与用户的直接对话；表示层：代码及代码转换；会话层，在网络实体间建立、管理及终止通信服务请求和响应会话；传输层，提供端到端的可靠传输；网络层，选择路由，传输 IP 分组；数据链路层，控制媒体接入、差错控制、传输数据帧；物理层：定义物理链路的电气和机械性能，传输物理比特。OSI 协议模型如图 1-11 所示。

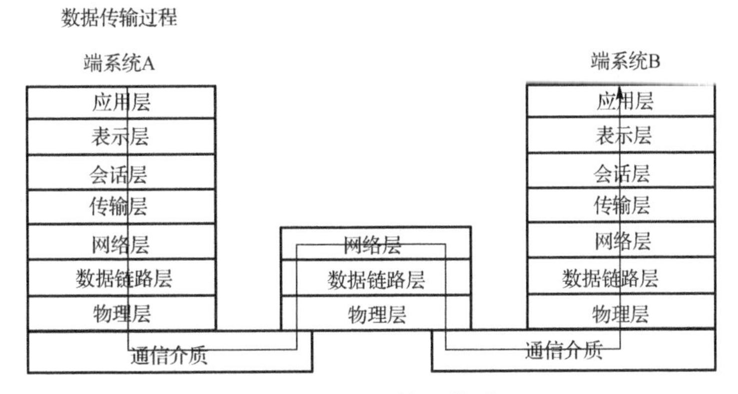

图 1-11　OSI 协议模型

2. 通信协议结构模型

从纵向分层的观点来看，通信协议具有与 OSI 协议结构类似的层次模型，可以采用计算机网络的开放系统互联七层模型，但通信网络提供面向连接、有质量保证的移动业务，一般采用应用层、业务网、传送网的概念，但随着移动通信的发展，物理层和数据链路层的研究越来越重要，因此，在蜂窝移动网络中，接入网与核心网协议结构层次不完全相同，核心网协议通常包括：上层——IP；底层——移动通信协议。接入网协议包括：上层——移动应用协议、IP；底层——移动通信协议。移动通信协议包含物理层通信协议及 MAC 层协议，例如，GSM 无线信令接口为三层协议：物理层协议、TDMA 及数据链路层 LAPDm，第三层（管理子层）包括 RM/MM/CM。

1.3　蜂窝移动通信标准概述

1.3.1　蜂窝移动通信主要标准化组织

在制定移动通信技术规范的过程中起重要作用的标准化组织主要包括以下几个。

1. ITU（国际电信联盟，International Telecommunication Union）

ITU 总部位于瑞士日内瓦，是联合国的一个重要专门机构，也是联合国机构中历史最长的一个国际组织，简称“国际电联”、“电联”或“ITU”，主管联合国信息通信技术事务，负责分配和管理全球无线电频谱与卫星轨道资源，制定全球电信标准，向发展中国家提供电信援助，促进全球电信发展。国际电联通过其麾下的无线电通信、标准化开展电信展览活动，是信息社会世界高峰会议的主办机构。

ITU 的组织结构主要分为电信标准化部门（ITU-T）、无线电通信部门（ITU-R）和电信发展部门（ITU-D）。ITU 每年召开 1 次理事会，每 4 年召开 1 次全权代表大会、世界电信标准大会和世界电信发展大会，每 2 年召开 1 次世界无线电通信大会。各主要部门简介如下。

（1）电信标准化部门（ITU-T）

目前电信标准化部门主要活动的有 10 个研究组。

SG2：业务提供和电信管理的运营问题；

SG3：包括相关电信经济和政策问题在内的资费及结算原则；

SG5：环境和气候变化；

SG9：电视和声音传输及综合宽带有线网络；

SG11：信令要求、协议和测试规范；

SG12：性能、服务质量（QoS）和体验质量（QoE）；

SG13：包括移动和下一代网络（NGN）在内的未来网络；

SG15：光传输网络及接入网基础设施；

SG16：多媒体编码、系统和应用；

SG17：安全。

（2）无线电通信部门（ITU-R）

目前无线电通信部门主要活动的有 6 个研究组。

SG1：频谱管理；

SG3：无线电波传播；

SG4：卫星业务；

SG5：地面业务；

SG6：广播业务；

SG7：科学业务。

（3）电信发展部门（ITU-D）

电信发展部门由原来的电信发展局（BDT）和电信发展中心（CDT）合并而成。其职责是鼓励发展中国家参与电联的研究工作，组织召开技术研讨会，使发展中国家了解电联的工作，尽快应用电联的研究成果；鼓励国际合作，为发展中国家提供技术援助，在发展中国家建设和完善通信网，目前 ITU-D 设立了两个研究组，分别为：SG1——电信发展政策和策略研究；SG2——电信业务、网络和 ICT 应用的发展和管理。

2. ETSI（欧洲电信标准化协会，European Telecommunications Standards Institute）

ETSI 是由欧共体委员会 1988 年批准建立的一个非营利性的电信标准化组织，总部设在法国南部的尼斯。ETSI 的标准化领域主要是电信业，并涉及与其他组织合作的信息及广播技术领域。ETSI 作为一个被 CEN（欧洲标准化协会）和 CEPT（欧洲邮电主管部门会议）认可的电信标准协会，其制定的推荐性标准常被欧共体作为欧洲法规的技术基础而采用并被要求执行。

主要领域有：

3rd Generation Mobile（第三代移动通信）；

ATM（异步传输模式，Asynchronous Transfer Mode）；

GSM（全球移动通信系统，Global System for Mobile communication）；

HIPERLAN1（高性能无线局域网 1，High Performance Radio LAN）；

HIPERLAN2（高性能无线局域网 2，High Performance Radio LAN）；

VoIP（互联网语音，Voice over Internet Protocol）；

VPN（虚拟专用网络）；

xDSL（数字用户线，Digital Subscriber Line）。

ETSI 目前也是 5G 标准的重要开发者之一。

3. 3GPP（第三代伙伴计划协议，3rd Generation Partnership Project ）

3GPP 成立于 1998 年 12 月，多个电信标准组织伙伴签署了“第三代伙伴计划协议”。目前欧洲 ETSI、美国 TIA、日本 TTC、ARIB、韩国 TTA 及我国 CCSA 作为 3GPP 的 6 个组织伙伴（OP）。目前独立成员有 300 多家，此外，3GPP 还有 TD-SCDMA 产业联盟（TDIA）、TD-SCDMA 论坛、CDMA 发展组织（CDG）等 13 个市场伙伴（MRP）。3GPP 最初的工作范围是为第三代移动通信系统制定全球适用技术规范和技术报告，实现由 2G 网络到 3G 网络的平滑过渡，保证未来技术的后向兼容性，支持轻松建网及系统间的漫游和兼容性，制订以 GSM核心网为基础，UTRA（FDD 为W-CDMA技术，TDD 为 TD-CDMA 技术）为无线接口的第三代技术规范。目前增加了对 UTRA 长期演进系统的研究和标准制定。

3GPP 制定的标准规范以 Release 作为版本进行管理，平均一到两年就会完成一个版本的制定，从建立之初的 R99 到之后的 R4，目前已经发展到 R10。3GPP 也是 LTE 及 LTE_ADVANCED 的主创，目前是 5G 标准的主要参与者。

4．3GPP2（第三代伙伴计划协议 2，3rd Generation Partnership Project 2）

第三代合作伙伴计划 2 成立于 1999 年 1 月，由美国 TIA、日本的 ARIB、日本的 TTC、韩国的 TTA 四个标准化组织发起，中国无线通信标准研究组（CWTS）于 1999 年 6 月在韩国正式签字加入 3GPP2。3GPP2 声称其致力于使 ITU 的 IMT-2000 计划中的（3G）移动电话系统规范在全球的发展，实际上它是从 2G 的 CDMA One 或 IS-95 发展而来的 CDMA2000 标准体系的标准化机构，受到拥有多项 CDMA 关键技术专利的高通公司的较多支持。与之对应的 3GPP 致力于从 GSM 向 WCDMA（UMTS）过渡，因此两个机构存在一定竞争。

3GPP2 主要工作是制订以 ANSI-41 核心网为基础，cdma2000 为无线接口的移动通信技术规范。

5．IETF（国际互联网工程任务组，The Internet Engineering Task Force）

公开性质的大型民间国际团体。汇集了与互联网架构和互联网顺利运作相关的网络设计者、运营者、投资人和研究人员，并欢迎所有对此行业感兴趣的人士参与，3G 核心网中使用了大量 IETF 协议，如 IPV6（Internet Protocol Version 6）/AAA（Authentication、Authorization、Accounting）/SIP（Session Initiation Protocol，会话初始协议）等。

1.3.2 蜂窝移动通信主要标准

1．第一代蜂窝移动通信 AMPS

第一代蜂窝移动通信于 20 世纪 70 年代末由贝尔实验室开发完成，其传输的无线信号为模拟信号，采用频分多址即 FDMA 方式接入，仅能提供语音业务，被称为模拟通信系统，也称为第一代移动通信系统（1G）。典型代表有美国的 AMPS（主要技术指标见表 1-1）和欧洲的 TACS 等，这也是我国建设移动通信系统初期引入的两类主要系统。模拟系统存在频谱效率低、网络容量有限、保密性差等缺陷，仅能提供语音通信业务，无法满足人们的需求。

表 1-1　AMPS 的主要技术指标

调制方式	双工方式	多址方式	频段	信道结构	小区复用
调频	FDD	FDMA	上行： 824～849MHz 下行： 869～894MHz 收发频差：45MHz	每个基站通常有一个控制信道发射器（用来在前向控制信道上进行广播），一个控制信道接收器（用来在反向控制信道上监听蜂窝电话呼叫建立请求），以及 8 个或更多频分复用双工语音信道	7 小区模式可采用“扇区化”和“小区分裂”

2．第二代移动通信标准 GSM 及 IS-95

随着移动通信市场的大发展，对移动通信技术提出了更高的要求，20 世纪 90 年代初期，人们开发出了基于数字通信的移动通信系统，即所谓的数字蜂窝移动通信系统，也称为第二代移动通信系统（2G）。最有代表性的 2G 系统是欧洲的 GSM 系统和美国的基于 N-CDMA 的 IS-95 系统。

GSM 系统空中接口的主要技术指标如表 1-2 所示，由于采用了高效调制器、信道编码、交织、均衡和语音编码技术，系统具有高频谱效率。由于每个信道传输带宽增加，使同频复用载干比要求降低至 9dB，故 GSM 系统的同频复用模式可以缩小到 4/12 或 3/9 甚至更小（模拟系统为 7/21）；加上半速率话音编码的引入和自动话务分配以减少越区切换的次数，使 GSM 系统的容量效率（每兆赫每小区的信道数）比 TACS 系统高 3～5 倍。

表 1-2　GSM 及 IS-95 的主要技术指标

	调制方式	双工模式	多址方式	频段	语音和信道编码	复用模式	业务
GSM	GMSK，频谱效率 1.35bps/Hz	TDD	TDMA	900MHz 段： 890～915MHz（上行） 935～960MHz（下行） 1800MHz 频段： 1710～1785MHz（上行） 1805～1880MHz（下行） 带宽：25MHz 双工间隔：45MHz 双工信道数：124 频道间隔：200kHz 每载频 8 个信道	规则脉冲激励长期预测编码，码率为 1/2、约束长度为 5 的卷积码及深度为 8 的交织、均衡及跳频	小区覆盖半径：最小 500m，最大 35km，复用因子为 1/4，业务密集区可采用 3 小区 9 扇区结构	语音、短消息及其他低速数据业务
IS-95	QPSK 或 OQPSK	FDD 频差：45MHz	CDMA	0 类频段： 前向链路 869～894MHz 反向链路 824～849MHz 1 类频段： 前向链路 1930～1990MHz 反向链路 1850～1910MHz 载波间隔：1.25MHz	码激励线性预测编码，码率为 1/2、约束长度为 9 的卷积码及长度为 20ms 的交织，扩频码速率 1.2288Mchip/s	覆盖区域与 GSM 相比大于 3， 复用因子为 1/4，可提供软容量	可提供可变速率业务

GSM 系统主要由移动台（MS）、移动网子系统（NSS）、基站子系统（BSS）和操作支持子系统（OSS）四部分组成。GSM 标准所提供的开放性接口，不仅限于空中接口，而且包括网络之间及网络中各设备实体之间，如 A 接口和 Abis 接口。GSM 通过鉴权、加密和 TMSI 号码的使用，达到安全的目的。鉴权用来验证用户的入网权利。GSM 能够与 ISDN、PSTN 等互连，与其他网络的互连通常利用现有的接口，如 ISUP 或 TUP 等。GSM 系统可在 SIM 卡基础上实现全球漫游。

IS-95 系统与 GSM 网络结构基本相同，主要区别在空口，技术参数如表 1-2 所示，利用全球定位系统 GPS 作为时标，每载频带宽 1.25MHz，码片速率为 1.2288Mcps，采用卷积编码、功率控制、软切换等技术，系统容量有较大提高，并可提供软容量及可变速率业务，除语音业务外，可传输低速数据业务。

但 2G 系统的带宽仅能提供语音通信和少量数据通信，如短消息业务，随着人们对数据通信业务需求的日益增高，特别是 Internet 的发展大大推动了人们对数据业务的需求，2.5G 被提了出来。2.5G 基于 2G 系统的数据系统，即在不大量改变 2G 系统的条件下，适当增加一些网络和一些适合数据业务的协议，使系统可以较高效率地传送数据业务，如 GPRS、CDMA2000 1X。尽管 2.5G 系统可以方便地传输数据业务，然而由于其空中接口的频谱效率较低及电路交换模式，没有从根本上解决无线信道传输速率低的问题。此后开发的第三代移动通信系统才能基本达到人们对快速传输数据业务的需求。

3．第三代移动通信标准 WCDMA/CDMA-2000/TD-SCDMA

第三代网络在 ITU 被称为 IMT-2000（International Mobile Telecom System-2000），在欧洲被称为 UMTS（Universal Mobile Telecommunications System，全球移动通信系统）。最早于 1985 年由国际电信联盟（ITU）提出，当时称为未来公众陆地移动通信系统（FPLMTS），1996 年更名为 IMT-2000，意即该系统工作在 2000MHz 频段，最高业务速率可达 2000kbps，已在 2000 年左右得到商用。IMT-2000 是一个全球无缝覆盖、全球漫游，包括卫星移动通信、陆地移动通信和无绳电话等蜂窝移动通信的大系统，它可以向公众提供前两代产品不能提供的各种宽带信息业务，如图像、音乐、网页浏览、视频会议等，是一种真正的“宽频多媒体全球数字移动电话技术”，并与改进的 GSM 网络兼容。

IMT-2000 的无线传输技术基本要求：（1）室内环境至少 2Mbps；（2）室外步行环境至少 384kbps；（3）室外车载运动中至少 144kbps；（4）传输速率能够按需分配；（5）上、下行链路适应于传输不对称业务的需要。

它分为 CDMA 和 TDMA 两大类共 5 种技术。其中主流技术为以下三种 CDMA 技术：（1）IMT-2000 CDMA-DS（IMT-2000 直接扩频 CDMA），即 WCDMA，它是在一个宽达 5M 的频带内直接对信号进行扩频；（2）IMT-2000 CDMA-MC（IMT-2000 多载波 CDMA），即 CDMA2000，这是美国提出的技术，由多个中国 IMT-2000 频谱分配 1.25M 的窄带直接扩频系统组成的一个宽带系统；（3）IMT-2000 CDMA TDD（IMT-2000 时分双工 CDMA），目前包括 TD-SCDMA 和 UTRA TDD，其中 TD-SCDMA 是我国提出的技术。TD-SCDMA 在 1.6MHz 带宽上理论峰值速率可达到 2.8Mbps。

3 种标准的技术细节，主要是由 3GPP 和 3GPP2 两大标准组织根据 ITU 的建议来进一步完成的。其中，WCDMA 和 TD-SCDMA 标准由 3GPP 开发和维护，CDMA2000 标准由 3GPP2 开发和维护。这些技术都是以 CDMA 技术为基础的，但在网络结构和技术特点上各有差异。

1）三种标准网络架构比较

WCDMA，也就是 UMTS，是目前应用最广泛、产业链最成熟的 3G 技术，与 GSM 技术之间平滑过渡且具有自身的技术优势，在较新的版本中，在空中接口引入了 HSDPA、HSUPA 技术，即高速上、下行分组接入技术，使下行峰值速率达到 14.4Mbps，上行的峰值速率可以达到 5.7Mbps，成为真正意义上的宽带，接入网中引入 IP 承载，从而实现全网的 IP 传输，称为全 IP，引入了 IP 多媒体子系统，简称 IMS。

TD-SCDMA 的 TD 意为 TDD（时分双工）。TD-SCDMA 在 1.6MHz 带宽上理论峰值速率可达到 2.8Mbps。2001 年 3 月，TD-SCDMA 被写入 3GPP 的 R4 版本，此后跟随 WCDMA 的不同版本共同演进。

CDMA2000 也称为 CDMA Multi-Carrier，由美国高通北美公司为主导提出，摩托罗拉、Lucent和后来加入的韩国三星都有参与，韩国现在成为该标准的主导者。CDMA2000 基于 IS-95 发展而来，可由窄带 CDMA 升级而来，建设成本较低。

2）WCDMA、TD-SCDMA、CDMA2000 三种标准技术特点比较

（1）TD-SCDMA 制式的主要技术特点

① 信号带宽 1.23MHz；码片速率 1.28Mchip/s；

② 采用智能天线技术，提高频谱效率；

③ 采用同步 CDMA 技术，降低上行用户的干扰和保持时隙的宽度；

④ 接收机和发射机采用软件无线电技术；

⑤ 采用联合检测技术，降低多址干扰；

⑥ 多时隙 CDMA+DS-CDMA，具有上下行不对称信道分配能力，适应数据业务；采用接力切换，降低掉话率，提高切换的效率；

⑦ 语音编码：AMR 与 GSM 兼容；核心网络基于 GSM/GPRS 网络的演进，并保持与 GSM/GPRS 网络的兼容性；

⑧ 基站间采用 GPS 或网络同步方法，降低基站间干扰。

（2）WCDMA 制式的主要技术特点

① 信号带宽 5MHz；码片速率 3.84Mchip/s；

② 发射分集方式：TSTD，STTD，FBTD；

③ 信道编码：卷积码和 Turbo 码支持 2Mbps 速率数据业务；

④ 调制方式：上行 BPSK，下行 QPSK；解调方式：导频辅助的相关解调；

⑤ 功率控制：上下行闭环功率控制，外环功率控制；

⑥ 语音编码：AMR 与 GSM 兼容；核心网络基于 GSM/GPRS 网络的演进，并保持与 GSM/GPRS 网络的兼容性；

⑦ MAP 技术和 GPRS 隧道技术是 WCDMA 移动性管理机制的核心，保持与 GSM 网络的兼容性；

⑧ 基站同步方式：支持异步和同步的基站运行方式，灵活组网；

⑨ 支持软切换和更软切换。

（3）CDMA2000 制式的主要技术特点

① 分成两个方案，即 CDMA2000-1x 和 CDMA2000-3x 两个阶段；

② CDMA2000-1x：信号带宽 1.25MHz，码片速率 1.2288Mchip/s；

③ CDMA2000-3x 采用多载波 CDMA 技术，前向信号由 3 个 1.25MHz 的载波组成，反向信号是信号带宽为 5MHz 的单载波，码片速率为 3.6864Mchip/s；

④ 兼容 IS-95A/B；前反向同时采用导频辅助相干解调；

⑤ 快速前向和反向功率控制；

⑥ 前向发射分集：OTD，STS；

⑦ 信道编码：卷积码和 Turbo 码；

⑧ CDMA2000-1x 最高 433.5kbps 业务速率（一个基本信道+两个补充信道）；

⑨ CDMA2000-1xDO 最高支持 2.4Mbps 业务速率，CDMA2000-3x 最高支持 2Mbps 业务速率；

⑩ 可变帧长：5ms，10ms，20ms，40ms，80ms；支持 F-QPCH，延长手机待机时间；

⑪ 核心网络基于 ANSI-41 网络的演进，并保持与 ANSI-41 的兼容性；

⑫ 网络采用 GPS 同步，给组网带来一定的复杂性；

⑬ 支持软切换和更软切换。

3）TD-SCDMA、WCDMA、CDMA2000 的技术优势比较

三种制式中，TD-SCDMA 的优势在于它同时采用了智能天线和联合检测技术，上下行时隙的不对称分配，提高了频谱效率，适应数据业务，其弱点是用户移动速度比较低，基站间干扰比较大，采用基点同步技术能够减少一部分干扰。三种主流方案的差别如下。

（1）频率规划：ITU 目前对第三代移动通信系统的频率规划为：1900～2025MHz（上行 FDD），2110～2170MHz（下行 FDD）及 2110～2170MHz（TDD 方式）3 段。

① TD-SCDMA 利用 2110～2170MHz 频段；

② WCDMA 利用 1900～2025MHz 频段；

③ CDMA2000 利用 2110～2170MHz 频段。

（2）双工模式

① TDD：适合于高密度用户地区、城市及近郊区的局部覆盖。无线传输技术不需要成对频率，具有频谱安排灵活性，适合对称和不对称即语音和第三代移动通信的移动业务（或 IP）业务，提高了频谱利用率。TD-SCDMA 采用 TDD 模式。

② FDD：适合于大区域的全国系统，对称业务如果话音、交互式实时数据业务等。WCDMA 和 CDMA2000 采用 FDD 模式。

（3）提高利用率

TD-SCDMA 采用了空分多址（SDMA）、码分多址（CDMA）、频分多址（FDMA）和时分多址（TDMA）相结合的多址技术。采用智能天线、联合检测，上行同步技术，消除扇区间（Inter-cell）和扇区内（Intra-cell）的同信道干扰（CCI）、多址干扰（MAI）和码间干扰（ISI）。缩短频率利用距离，提高了频谱利用率，降低设备成本。WCDMA 和 CDMA2000 采用码分多址、频分多址相结合的多址技术，采用智能天线导频符号辅助相干检测的多用户检测，上下行同步技术，消除各种干扰，提高频谱利用率。

（4）切换

① TD-SCDMA 采用接力切换技术，它不同于传统的软切换和硬切换，可以工作在同频和异频状态，利用已知的移动台用户位置（采用用户定位业务）；

② WCDMA 扇区间采用软切换，小区间采用软切换，载波间采用硬切换。WCDMA 的基站不需要同步，因此不需要外部同步资源，如 GPS；

③ CDMA2000 扇区间采用软切换，小区间也采用软切换，载频间采用硬切换。基本信道的软切换类似于 IS-95。

（5）功率控制

3G 系统中分布式功率控制应用很广泛，恒定接收功率控制应用于 CDMA 系统中，而 TD-SCDMA 系统则在继承第二代 GSM 功率控制技术的基础上，主要是智能供电系统的恒定接收功率控制方式。

（6）TD-SCDMA 的总频谱利用率最高

TD-SCDMA 技术采用时分双工模式（TDD），能在同一帧结构不同时隙中发送上行业务或下行业务。也就是说，根据所传输数据的类型不同，上下行链路上的频谱可以被灵活地分配。码分多址技术（CDMA）的特性是在同一时间里同一个传输信道中可支持多个用户。所传输的信号分布在整个带宽上，从而更加有效地利用现有频谱资源。这种灵活性使数据的传输速度可高达 2Mbps。TD-SCDMA 结合了 TDD 和 CDMA 的优势，因而能够处理很高的传输速率，同时上下链路分配的灵活性也能满足非对称业务的要求。

4．HSDPA 及 HSUPA 标准

高速下行分组接入，即 HSDPA（High Speed Download Packet Access）是基于 WCDMA 的移动宽带解决方案，通过在 WCDMA 的无线接入部分增加相应基带处理功能，大幅度提升 WCDMA 系统下行速率，增加系统容量并大大降低时延。HSDPA 在无线接口上的物理层和传输层变化包括基本阶段和增强阶段。在基本阶段，采用快速链路自适应调制和编码（AMC）、混合自动重复请求 HARQ、16QAM 调制、快速分组调度算法等技术，下行用户速率最高可达 14.4Mbps，介质访问控制（MAC）调度功能转移到 Node-B 上。HSDPA 无线帧长 2ms，相当于目前定义的三个 WCDMA时隙，一个 10ms WCDMA 帧中有 5 个 HSDPA 子帧，用户数据传输可以在更短的时长内分配给一条或多条物理信道，从而允许网络在时域及在码域中重新调节其资源配置。在增强阶段，采用 OFDM/64QAM 等技术，最大下行速率可达 30Mbps。

高速上行分组接入（High Speed Uplink Packet Access，HSUPA）通过采用多码传输、HARQ、基于 Node B 的快速调度等关键技术，使得单小区最大上行数据吞吐率达到 5.76Mbps，大大增强了 WCDMA 上行链路的数据业务承载能力和频谱利用率。

5．WiMAX 标准

WiMAX（Worldwide Interoperability for Microwave Access，全球微波互联接入），也叫 802.16无线城域网或 802.16。WiMAX 是一项新兴的宽带无线接入技术，具有 QoS 保障、传输速率高、业务丰富多样等优点，能提供面向互联网的高速连接，数据传输

距离最远可达 50km，带宽达 20MHz。WiMAX 采用了 OFDM/OFDMA、AAS、MIMO 等先进技术，随着技术标准的发展，WiMAX 逐步实现宽带业务的移动化，2007 年被接受为 3G 标准。主要技术参数如下。

（1）物理层采用 OFDM/OFDMA 技术。

（2）采用 OFDM 时，支持TDD和FDD双工方式，上行链路采用TDMA多址方式，下行链路采用TDM复用方式，可以采用 STC发射分集及 AAS自适应天线系统。

（3）采用OFDMA时，OFDMA 多址接入方式，支持 TDD 和 FDD 双工方式，可以采用 STC 发射分集及 AAS。

（4）采用HARQ机制，减少了到达网络层的信息差错，可大大提高系统的业务吞吐量。

（5）定义了多种编码调制模式，包括卷积编码、分组 Turbo 编码（可选）、卷积 Turbo 码（可选）、零咬尾卷积码（ZeroTailbaitingCC）（可选）和LDPC（可选），并对应不同的码率，主要有1/2、3/5、5/8、2/3、3/4、4/5、5/6 等码率，用以应对时延扩展、多普勒频移、PAPR 值、小区干扰等。

（6）支持 MIMO，结合自适应天线阵（AAS）和 MIMO 技术，能显著提高系统的容量和频谱利用率，可以大大提高覆盖范围并增强应对快衰落的能力，使得在不同环境下能够获得最佳的传播性能。

（7）定义了较为完整的 QoS 机制，WiMAX 系统针对上行的业务流定义了 4 种调度类型，分别为非请求的带宽分配业务（UGS.UnsolicitedGrantService）、实时轮询业务（rtPS.RealTime Polling Service）、非实时轮询业务（nrtPS.Non Real Time Polling Service）、尽力而为业务（BE.Best effort）。MAC 层针对每个连接可以分别设置不同的 QoS 参数，包括速率、延时等指标。对于下行的业务流，根据业务流的应用类型只有 QoS 参数的限制，而没有调度类型的约束。

（8）增加了终端睡眠模式：Sleep 模式和Idle模式。

6. LTE 标准

LTE 标准（Long Term Evolution，长期演进）是 3GPP 为了抗衡 WiMAX 提出的 UMTS 长期演进，是在 B3G 基础上研发的准“4G”技术，是移动通信与宽带接入技术的融合，LTE 标准于 2004 年 12 月在 3GPP多伦多会议上正式立项并启动，主要技术参数如下。

（1）引入了OFDM（Orthogonal Frequency Division Multiplexing，正交频分复用）和MIMO（Multi-Input & Multi-Output，多输入多输出）等关键技术，理论下行最大传

输速率为 201Mbps，除去信令开销后大概为 150Mbps，但根据实际组网及终端能力限制，一般认为下行峰值速率为 100Mbps，上行为 50Mbps。

（2）支持多种带宽分配：1.4MHz、3MHz、5MHz、10MHz、15MHz 和 20MHz 等，且支持全球主流2G/3G频段和一些新增频段，因而频谱分配更加灵活，系统容量和覆盖也显著提升。

（3）LTE 系统网络架构更加扁平化、简单化，减少了网络节点和系统复杂度，从而减小了系统时延，也降低了网络部署和维护成本。LTE 系统支持与其他 3GPP 系统互操作。根据双工方式不同，LTE 系统分为FDD-LTE（Frequency Division Duplexing）和 TDD-LTE（Time Division Duplexing）。LTE 的远期目标是简化和重新设计网络体系结构，使其成为IP化网络，这样不会出现 3G 网络存在的在转换中所产生的不良因素。因为 LTE 的接口与 2G 和 3G 网络互不兼容，所以 LTE 需同原有网络分频段运营，其频段划分如表 1-3 所示。

表 1-3 E-UTRA 频段划分

波段	上行频段范围	下行频段范围	网络制式
Band1	上行 1920～1980MHz	下行 2110～2170MHz	LTE FDD、WCDMA
Band2	上行 1850～1910MHz	下行 1930～1990MHz	GSM、WCDMA
Band3	上行 1710～1785MHz	下行 1805～1880MHz	GSM、LTE FDD
Band4	上行 1710～1755MHz	下行 2110～2155MHz	LTE FDD
Band5	上行 824～849MHz	下行 869～894MHz	GSM、WCDMA
Band7	上行 2500～2570MHz	下行 2620～2690MHz	LTE FDD
Band8	上行 880～915MHz	下行 925～960MHz	GSM
Band17	上行 704～716MHz	下行 734～746MHz	LTE FDD
Band20	上行 832～862MHz	下行 791～821MHz	LTE FDD
Band34	2010～2025MHz		TD-LTE、TD-SCDMA
Band38	2570～2620MHz		TD-LTE、TD-SCDMA
Band38	2570～2620MHz		TD-LTE、TD-SCDMA
Band40	2300～2400MHz		TD-LTE
Band41	2496～2690MHz		TD-LTE
Band42	3.5GHz		TD-LTE

7. IMT-Advanced 标准及 LTE-Advanced 标准

IMT-Advanced 为具有超过 IMT-2000 能力的新一代移动通信系统，2005 年 10 月 ITU 正式将 System Beyond IMT-2000 命名为 IMT-Advanced，即通常所谓的第四

代移动通信（4G），2007 年 11 月世界无线电大会（WRC-07）为 IMT-Advanced 分配了频谱，进一步加快了 IMT-Advanced 技术的研究进程。IMT-Advanced 能够提供广泛的电信业务，特别是日益增加的基于包传输的先进移动业务。该系统支持从低到高的移动性应用和很宽范围的数据速率，满足多种用户环境下用户和业务的需求，还具有在广泛服务和平台下提供显著提升 QoS 的高质量多媒体应用能力。具体指标如下。

（1）频谱效率：下行 30bps/Hz，上行 15bps/Hz。

（2）带宽：100MHz。

① 支持目前和未来分配 IMT/IMT-Advanced 的各种频段；

② 支持对称和非对称的频谱分配；

③ 弹性地支持不同的载波带宽，包括 1.25MHz、1.4MHz、2.5MHz、3MHz、5MHz、10MHz、15MHz、20MHz 和 40MHz 带宽；

④ 鼓励支持 100MHz 带宽。

（3）峰值速率根据下行峰值频谱效率达到 15bps/Hz、上行峰值频谱效率达到 6.75bps/Hz 的要求，可以计算出峰值速率如下：

① 40MHz 带宽的下行峰值速率为 600Mbps，上行峰值速率为 270Mbps；

② 100MHz 带宽的下行峰值一般认为，在热点覆盖和低速移动场景下峰值速率为 1Gbps，在高速移动和广域覆盖场景下，100Mbps 就可以了。

（4）网络延迟。

① 呼叫建立延迟小于 100ms（在空闲模式）或者 50ms（在休眠状态）；

② 无线接入网内延迟小于 10ms；

③ 同频切换延迟小于 27.5ms，异频切换延迟小于 40ms。

（5）移动性。

① 室内和步行：0～10km/h；

② 微蜂窝：10～30km/h；

③ 城区（一般车载速度）：30～120km/h；

④ 高速移动（高速车载速度）：120～350km/h。

LTE-Advanced（LTE-A）是LTE的演进版本，其目的是满足无线通信市场的更高需求和更多应用，满足和超过 IMT-Advanced 的需求，同时还保持对 LTE 较好的后向兼容性。LTE-A 采用了载波聚合（Carrier Aggregation）、上/下行多天线增强（Enhanced UL/DL MIMO）、多点协作传输（Coordinated Multi-point Tx&Rx）、中继（Relay）、异构网干扰协调增强（Enhanced Inter-cell Interference Coordination for Heterogeneous

Network）等关键技术，能大大提高无线通信系统的峰值数据速率、峰值频谱效率、小区平均谱效率及小区边界用户性能，同时也能提高整个网络的组网效率，这使得LTE和LTE-A系统成为未来几年内无线通信发展的主流，主要技术指标如下。

① 带宽：100MHz；

② 峰值速率：下行1Gbps，上行500Mbps；

③ 峰值频谱效率：下行30bps/Hz，上行15bps/Hz；

④ 针对室内环境进行优化；

⑤ 有效支持新频段和大带宽应用；

⑥ 峰值速率大幅提高，频谱效率有限改进。

8．5G标准

为了支持物联网及移动互联等技术，5G标准正在加紧研究中。未来5G技术通过采用高频段传输、大规模MIMO、3DMIMO、同时同频全双工、D2D、密集网络、基于SDN和云计算的新型网络架构等技术，将提供1000倍于4G的速率、单位面积上100倍于4G的设备承载率。5G可能采用的主要新技术如下。

1）高频段传输

移动通信传统工作频段主要集中在3GHz以下，这使得频谱资源十分拥挤，而在高频段（如毫米波、厘米波频段）可用频谱资源丰富，能够有效缓解频谱资源紧张的现状，可以实现极高速短距离通信，支持5G容量和传输速率等方面的需求。高频段在移动通信中的应用是未来的发展趋势，足够量的可用带宽、小型化的天线和设备、较高的天线增益是高频段毫米波移动通信的主要优点，但也存在传输距离短、穿透和绕射能力差、容易受气候环境影响等缺点。射频器件、系统设计等方面的问题也有待进一步研究和解决。

2）新型多天线传输

引入有源天线阵列，基站侧可支持的协作天线数量将达到128根。此外，原来的2D天线阵列拓展成为3D天线阵列，形成新颖的3D-MIMO技术，支持多用户波束智能赋型，减少用户间干扰，结合高频段毫米波技术，将进一步改善无线信号覆盖性能。多天线技术经历了从无源到有源，从二维（2D）到三维（3D），从高阶MIMO到大规模阵列的发展，将有望实现频谱效率提升数十倍甚至更高，是目前5G技术重要的研究方向之一。

3）同时同频全双工

同时同频全双工技术在相同的频谱上，通信的收发双方同时发射和接收信号，与传统的 TDD 和 FDD 双工方式相比，从理论上可使空口频谱效率提高一倍。能够突破 FDD 和 TDD 方式的频谱资源使用限制，使得频谱资源的使用更加灵活。

4）D2D

D2D 技术无须借助基站的帮助，就能够实现通信终端之间的直接通信，拓展网络连接和接入方式。由于短距离直接通信，信道质量高，D2D 能够实现较高的数据速率、较低的时延和较低的功耗；通过广泛分布的终端，能够改善覆盖，实现频谱资源的高效利用；支持更灵活的网络架构和连接方法，提升链路灵活性和网络可靠性。目前，D2D 采用广播、组播和单播技术方案，未来将发展其增强技术，包括基于 D2D 的中继技术、多天线技术和联合编码技术等。

5）密集网络

在未来的 5G 通信中，无线通信网络正朝着网络多元化、宽带化、综合化、智能化的方向演进。随着各种智能终端的普及，数据流量将出现井喷式的增长。未来数据业务将主要分布在室内和热点地区，这使得超密集网络成为实现未来 5G 的 1000 倍流量需求的主要手段之一。超密集网络能够改善网络覆盖，大幅度提升系统容量，并且对业务进行分流，具有更灵活的网络部署和更高效的频率复用。未来，面向高频段大带宽，将采用更加密集的网络方案，部署小小区/扇区将高达 100 个以上。

6）新型网络架构

目前，LTE 接入网采用网络扁平化架构，减小了系统时延，降低了建网成本和维护成本。未来 5G 可能采用 C-RAN 接入网架构。C-RAN 是基于集中化处理、协作式无线电和实时云计算构架的绿色无线接入网构架。C-RAN 的基本思想是通过充分利用低成本高速光传输网络，直接在远端天线和集中化的中心节点间传送无线信号，以构建覆盖上百个基站服务区域，甚至上百平方千米的无线接入系统。C-RAN 架构适于采用协同技术，能够减小干扰，降低功耗，提升频谱效率，同时便于实现动态使用的智能化组网，集中处理有利于降低成本，便于维护，减少运营支出。目前的研究内容包括 C-RAN 的架构和功能，如集中控制、基带池 RRU 接口定义、基于 C-RAN 的更紧密协作，如基站簇、虚拟小区等。

纵观蜂窝移动通信的发展历史，可以看出，人们不断增长的、大量的、丰富多样的业务需求与蜂窝网络有限的资源之间始终存在着矛盾，这一矛盾促使人们不断研发新技术，建立新网络，寻求在满足一定的信号覆盖、系统容量和业务质量的前提下，成本最低的建网方式，寻求调整网络、扩展网络的优化方式，也就是蜂窝移动网络的规划与优化，这一内容贯穿蜂窝移动通信发展的始终，包含业务需求和网络支撑两个方面。

习　题

1．结合 GSM、WCDMA 网络，说明接入网、核心网的组成及作用，说明接入网有哪些接口。

2．说明 OSI 七层协议结构模型有哪七层，各自的功能是什么。

3．比较 3G 三种标准。

4．说明 LTE/LTE-A 标准中，有哪些新技术。

5．查阅资料，综述 5G 标准中可能会采取的新技术。

第 2 章　无线网络规划概述

本章从无线网络规划的基本定义、目标、内容及基本方法、一般原则、基本流程及工具等多个方面对无线网络规划进行叙述，目的是让大家对无线网络规划有基本了解。

2.1　无线网络规划基本定义

无线网络规划是根据蜂窝移动网络的特性及需求，设定相应的工程参数和无线资源参数，在满足一定的信号覆盖、系统容量和业务质量要求的前提下，使建网工程及成本降到最低，因此，它包含两方面的内容：一是如何保证通信质量；二是如何降低建网成本。规划是在建网之前进行的。

无线网络优化是通过对现已运行的移动通信网络进行业务数据分析、测试数据采集、参数分析、硬件检查，找出影响网络质量的原因，通过参数的修改、网络结构的调整、设备配置的调整和采取某些技术手段，确保系统高质量运行，并且使现有网络资源获得最佳效益，以最经济的投入获得最大的收益，是在建网之后进行的。

无线网络规划包含无线接入、传输和核心网三大部分规划。无线接入规划侧重于接入网网元数目和配置规划，传输网络规划侧重于各网元之间的链路需求和连接方式规划，核心网络规划侧重于核心网网元数目和配置规划，其中，由于无线接入网规划以电波传播为基础，具有开放性和时变性，最为困难和重要，无线接入网络规划的结果将直接影响传输和核心网的规划，因此本书侧重于无线接入网的规划。

网络规划和优化一般是宏观和微观或前台和后台同时进行的，由于基础所限，本书主要侧重宏观或前台，强调规划和优化的基本理论，尽量避免复杂的优化算法。

2.2 无线网络规划目标

无线网络规划与设计的内容包含覆盖、容量、质量及投资成本4个方面。

1. 覆盖目标

所谓覆盖目标，是指基本业务在各区域所要求达到的电波覆盖强度、区域覆盖率和连续覆盖率。电波覆盖强度定义为该区域的信号强度，区域覆盖率定义为满足一定通信概率的覆盖面积与该地区总面积的比值，通信概率指的是移动台在无线区域覆盖边缘（或区内）通信时，一定时间内信号质量达到规定要求的成功概率，分为边缘通信概率和区域通信概率两种。区域通信概率指标范围的典型值范围为90%～95%，通信概率被认为是QoS的一项重要指标，每个不同的区域都需在规划前输入相应的通信概率要求，也必须知道每一地区的面积大小和要求覆盖的比例。覆盖目标一般由运营商决定，与运营商的策略有很大关系，比如，要求覆盖地区的比例可以随时间进行变化，在网络建设初期要求的覆盖比例可以较低，而在后期逐步增加。

2. 容量目标

容量目标描述的是在系统建成后所能提供的业务类型及达到传输质量要求的语音和分组数据业务的数量。容量目标包含以下参数：（1）各个区域各个阶段的用户数，应包括当前阶段用户数和其他阶段的用户数；（2）目标负载因子，用于反映各个区域各个阶段的小区目标负载程度，在进行覆盖规划时需要假定上下行链路的负载因子，从而计算出系统覆盖范围；（3）软切换比例，描述了小区内处于软切换的面积占总面积的百分比，软切换可以提高系统的切换成功率，但是过高的软切换比例会造成系统资源的浪费，因此应当保持合理的软切换比例，配置网络资源时应根据设计的软切换率预留一定的信道资源供软切换时使用，通过分析表明，WCDMA系统中30%～40%的软切换比例最为合适。容量目标主要结合网络规模预测所提出的网络建设要求和业务预测所得出。

3. 质量目标

质量目标包括话音业务质量目标和数据业务质量目标。话音业务的质量主要体现在网络覆盖的连续性、接入成功率、切换成功率及掉话率的控制等方面，这些指标综合后应保证用户具有良好的使用感觉，即用户体验。对于无线网络而言，数据业务质量目标主要指数据业务的传输速率。

4．投资成本目标

在保证满足覆盖容量和质量的基础上，降低建设成本是网络建设的投资成本目标。无线网络规划的重要目的，是在确定合理的无线网络投资的同时，确定最恰当的无线网络结构、最大化的网络容量、最完善的网络覆盖及最匹配的网络性能，从而实现综合的投资优化。

2.3　无线网络规划内容及基本方法

无线网络规划与优化的内容之一为覆盖优化。基本方法是根据覆盖目标确定天线、宏蜂窝基站、微蜂窝基站、直放站和室内分布系统等多种无线网元布置，确定融合的覆盖方案，降低建网成本。

无线网络规划与优化的内容之二为容量规划，是指根据当前用户及预计的发展趋势，进行业务估算和小区容量规划，确定基站、天线布局、信道配置，以及位置区规划，并结合设备特点达到同等覆盖条件下的最佳经济效益。

无线网络规划与优化的内容之三为链路预算，是指在保证通信质量的前提下，确定基站和移动台之间的无线链路所能允许的最大路径损耗，从而确定小区半径并进行无线网元布置。

无线网络规划与优化的内容之四为频率规划与干扰控制，是指根据小区覆盖情况和话务量分布情况，保证一定的同频复用距离，合理分配相应的频率资源。

根据以上内容，无线网络规划的基本方法有以下两种。

1．以无线网络覆盖为依据的基站预测方法

（1）确定业务类型并列出业务的链路预算属性，如 AMR 业务、384kbps 室外业务，最大路径耗损为 146dB 等。

（2）确定传播模型，如 COST23 Hata 模型、奥村模型等。

（3）传播模型的校正：一般是对不同的地理分区，选择 3～4 个具有代表性的区域进行模型校正，一条测试路径应该是 8 字形或螺旋形，避免系统误差。

（4）传播模型有效性的确认：校正后的模型，实测数据与模型的方差应不大于 8dB，否则要重新考虑测试路径、地理分区、测试数据的有效性。

（5）参考业务一般应该在城区基本覆盖：如范围 3km^2。不同地理分区覆盖面积不同，覆盖面积与传播模型有关。

（6）基站预算=总覆盖区域/(参考业务覆盖范围，如 3km^2)。

2．以业务为依据的基站预测设计方法

（1）确定业务模型：包括分组业务模型和语音业务模型。CS 业务主要有如下模型：坎贝尔模型、等效爱尔兰法、Post Erlang-B 方法。本书以坎贝尔模型为代表，因为它是解决混合实时类业务模型的理论计算方法之一。

（2）确定总业务量的预测分布。

（3）以坎贝尔模型算出基站预算=坎贝尔业务/基站。

（4）核算 CS 域剩余信道容量是否满足 PS 域数据承载。如不能满足，则根据数据承载需要增加基站预算。

2.4 无线网络规划原则

在进行无线网络规划时，应该遵循以下规划原则。

（1）首先，应该具有长远和全局的观点，在考虑长期业务需求和技术发展的前提下，对整个网络进行统一的规划，充分考虑网络规模和技术手段的未来发展和演进方向，尽量避免在后续的工程中对无线网络结构和基站整体布局进行巨大变动、更换大量网元设备。

（2）综合考虑无线网络的覆盖、容量及投资效益之间的关系，确保网络建设高效益。

尽量采用能够降低成本的覆盖方案，从而确保工程建设投资和网络运营维护成本最小化。

（3）根据实际用户的需求来确定不同区域覆盖的重要程度；特别重视室内覆盖，要重点保证人员流动量大、话务集中的室内环境覆盖。

（4）充分利用运营商现有的网络基础设施（如机房、铁塔、传输、站址等），避免重复建设，降低建设成本。

（5）做好反复调整和预优化的循环过程。在无线网络规划阶段，应随着基站站址的确定，通过反复进行无线网络仿真和模拟，对网络质量进行充分的预优化，从而使规划的结果接近实际情况，确保达到满意的网络质量。

2.5 无线网络规划基本流程

无线网络规划基本流程如图 2-1 所示。

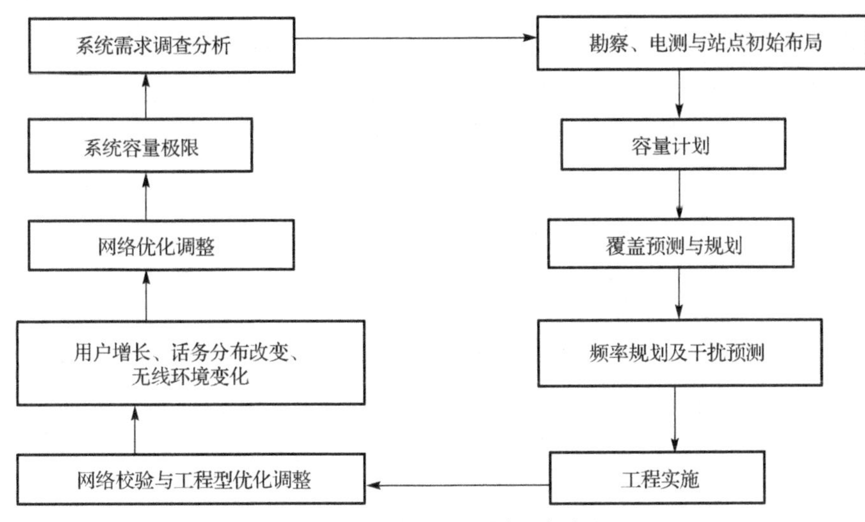

图 2-1　无线网络规划基本流程

在上述步骤中，网络规划资料收集与调查分析是规划的基础，在数据采集的过程中，应当收集地理数据、电子地图、业务密度分析、无线传播模型、现网数据及其他系统干扰等相关的数据信息。图 2-2 所示为数据采集各个部分之间的相互关系和流程。

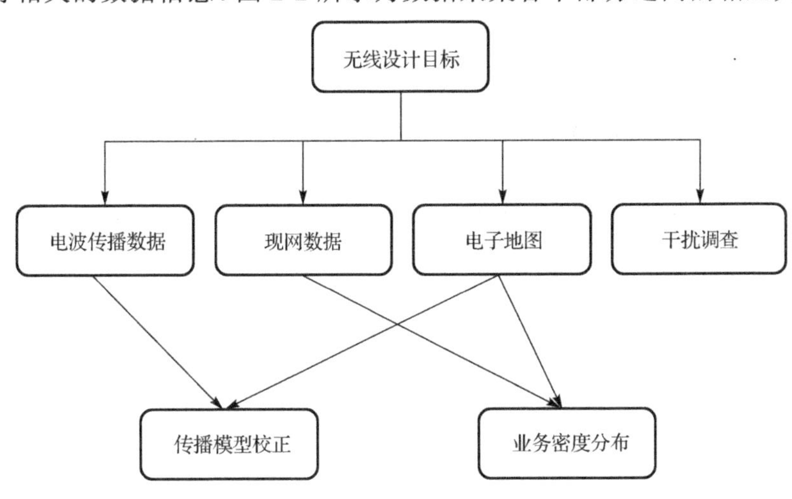

图 2-2　无线网络规划数据准备流程

2.6　无线网络规划工具

在工程实际中，一般采用网络配套的专用软件，在理论分析中可采用计算机仿真的方法。

所谓计算机仿真，就是将实际问题进行抽象，提取适当模型并编程实现，然后基于该模型在计算机上进行试验，它可以有效而经济地用于科研、设计、训练等。目前，由于高性能计算机的支持，通信系统仿真准确度和精度已经可以达到很高水平，仿真所需要的时间也相对缩短。同时，已有多种辅助软件，如 MATLAB、OPNET 等，可极大地提高科研人员开发仿真系统的效率。

通信系统仿真一般分为链路级仿真和系统级仿真两类。链路级仿真主要针对物理层的传输技术，如编码、交织、调制、扩频等，其性能指标通常只描述单个用户通信的情况。系统级仿真主要针对无线接入系统，其性能特点决定了整个无线系统的容量。

系统级仿真又可采用静态仿真和动态仿真两种方法。静态仿真对系统不同时刻的采样相互之间是独立的，时间上是离散的，所以只适用于仿真系统的覆盖、语音容量等静态性能，用于无线网络规划中对网络覆盖和网络容量相关的各种性能指标进行分析，以检验是否能达到设计目标。动态仿真则要建立系统的动态模型，研究系统状态随时间的变化，采样值之间是相互关联的，往往需要链路级仿真和系统级仿真同时进行，因此比较困难。

习　题

1．说明无线网络规划目标有哪些。

2．说明无线网络规划的基本方法有几种。

3．说明无线网络规划的基本流程。

第3章　移动通信电波传播模型及校正

本章导读

在无线信道中，信号的传输是通过电波传播来实现的，研究电波传播特性对移动通信技术及无线网络规划与优化具有重要作用。根据传播位置，电波可分为天波、地波和视线传输。蜂窝移动通信利用地波进行通信，地面电波传播的环境极其复杂，包括地形、地貌、人工建筑、气候特征、电磁干扰、通信体移动速度及其使用频段等多种因素，在此环境下，电波的传播方式有直射、反射、绕射、散射等，导致接收信号有较大损耗，这些损耗可归纳为三类：（1）阴影衰落，由传播环境中的地形起伏、建筑物及其他障碍物对电磁波的遮蔽所引起；（2）多径衰落，多径传播导致接收端幅度、相位和到达时间的随机变化引起的衰落；（3）多普勒导致的衰落。另一方面，对于电波传播损耗，又常分为大尺度传播模型和小尺度传播模型。大尺度传播模型用于描述收发之间长距离信号幅度变化，小尺度传播模型用以描述短距离（几个波长）内信号强度的变化。大尺度衰落可以通过合理的设计减小和消除，是蜂窝移动网络规划与优化的重要内容。小尺度衰落或多径衰落严重影响信号的传输质量，需要采用抗衰落措施来克服，是移动通信技术的主要内容，因此本章重点讲述大尺度衰落，对小尺度衰落只做简单介绍。大尺度衰落又分为室外衰落和室内衰落。

对于衰落的研究通常采用建模的方法，建立传播模型的基本方法有理论分析和现场实测两种。理论分析是用电磁场理论分析电波在移动环境中的传播特性，并用数学模型来描述移动信道，理论分析中普遍采用射线跟踪法，所谓射线跟踪法，即用射线表示电磁波束的传播，在确定收发天线位置及周围建筑等环境特性后，根据反射、绕射和散射等波动现象直接寻找出可能的主要传播路线，并计算出路径损耗及其他反映信道特性的参数。现场实测方法是指在不同的传播环境中，做电波实测实验。根据实测记录的数据，用计算机对大量的数据进行统计分析，寻找出反映传输特性的各种参数的统计分布，再根据数据的分析结果，建立信道的统计模型来进行传播预测。在实际应用中，一般将理论分析方法和实际测试方法相联系，理论预测模型的正确性多用实测数据来证实和修正，现场实测的方法、实测数据的统计和结果分析要在电磁波传播理论的指导下进行，根据理论分析和实际测量数据的统计分析或两者的结合，建立适合各种传播环境的各类传播预测模型，根据给定的频率、距离、收发信机天线高度、环境特性参数，预测出电波的传播路径损耗。目前的各种电波传播模型多使用这种方法得到。

本章首先讲述电波传播的自由空间模型及其损耗修正方法，接着介绍一些常用传播模型，包括几种常用的适用于宏蜂窝的室外路径损耗传播经验模型，适用于微蜂窝的室外经验模型、混合室内外传播模型、室内传播模型，然后讲述传播模型修正方法，最后介绍小尺度衰落模型。本章的重点在于大尺度传播模型及其修正。

3.1 自由空间传播模型

自由空间传播损耗是指电波在理想的、均匀的、各向同性的介质中传播，不发生发射、折射、绕射、散射和吸收现象，只存在由于电磁波能量扩散而引起的传播损耗。自由空间传播模型用于预测接收机和发射机之间是完全无阻挡的视距路径时的接收信号场强。卫星通信系统和微波视距无线短路是典型的自由空间传播。

自由空间中，设发射点发出的功率为 P_t，以球面波辐射，接受功率为 P_r，距发射机 d 处天线的接收功率：

$$P_r(d)=\frac{P_tG_tG_r\lambda^2}{(4\pi)^2d^2} \tag{3-1}$$

式中，d 为收发天线间的距离，天线增益 $G=\frac{4\pi A_c}{\lambda^2}$，$A_c$ 为天线的有效截面，与天线的物理尺寸相关，λ 为工作波长，$\lambda=\frac{c}{f}$。

定义自由空间的传播损耗 L 为：

$$L=\frac{P_r}{P_t} \tag{3-2}$$

当 $G_t=G_r=1$ 时，$L=\frac{P_r}{P_t}=\left(\frac{4\pi d}{\lambda}\right)^2$ 以分贝表示，则有：

$$[L]=20\lg(d_{km})+20\lg(f_{MHz})-10\lg\left(\frac{c^2}{(4\pi)^2}\right)$$

$$[L]=20\lg(d_{km})+20\lg(f_{MHz})+32.4 \tag{3-3}$$

式（3-3）即为自由空间传播损耗模型。关于该模型，有以下几点值得注意。

（1）自由空间不吸收电磁能量，自由空间的传播损耗是由于球面波在传播过程中，随着传播距离的增大，球面波扩散引起的电磁能量损耗。

（2）自由空间损耗随距离和频率发生变化，距离每增大一倍，损耗增加 6.02dB，频率每增加一倍，损耗增加 6.02dB。

（3）上述模型中的 d 须大于远场距离，定义远场距离为：

$$d_{\mathrm{f}} = 2D^2 / \lambda \tag{3-4}$$

式中，D 为天线的最大物理线性尺寸，同时，远场距离还需满足：$d_{\mathrm{f}} \gg D$，$d_{\mathrm{f}} \gg \lambda$。

选择远场区中的点作为参考点，当距离大于参考距离点时，自由空间中接收功率为：

$$P_{\mathrm{r}}(d) = P_{\mathrm{r}}(d_0)\left(\frac{d_0}{d}\right)^2, \quad d \geqslant d_0 \geqslant d_{\mathrm{f}} \tag{3-5}$$

在实际中使用低增益天线，在 1～2GHz 地区的系统中，参考距离在室内环境典型值取为 1m，在室外环境典型值取为 100m 或 1km。

（4）传播损耗与天线增益方向性。

天线的方向性是指天线向各个方向辐射或接收电磁波相对强度不同，用方向性系数 G_{t} 表示，定义为天线在最大辐射方向上远区某点的功率密度与辐射功率相同的无方向性天线在同一点的功率密度之比，各方向具有相同增益的为理想全向天线。一般天线的增益系数通常具有方向性，定义有效全向发射功率（EIRP）为：

$$\mathrm{EIRP} = P_{\mathrm{t}} G_{\mathrm{t}} \tag{3-6}$$

EIRP 表示同全向天线相比，可由发射机获得的在最大天线增益方向上的最大发射功率。

（5）模型应根据传播环境修正，最常修正的参数是幂 n。

3.2 基于模型的电波传播损耗修正方法

影响电波传播的因素有：（1）自然地形；（2）人工建筑；（3）植被；（4）天气状况；（5）自然和人为的电磁噪声；（6）系统工作频率；（7）移动台移动状况等。这些因素导致电波传播发生反射、绕射、散射及直接吸收，引起比自由空间更大的传播损耗，需要对传播损耗进行修正，修正的方法是通过对电波传播的反射、绕射、散射建模，进一步对地形因子、树木因子等建模，在此基础上分析阴影衰落的场强中值，最终对模型修正。由于电波的反射、绕射、散射在移动通信课程中有详细讲解，这里只给出结论，地形因子、树木因子建模比较烦琐，限于篇幅，这里只给出一般思路。

（1）N 个反射信号可表示为：

$$P_{\mathrm{t}}(d)=P_{\mathrm{r}}\left(\frac{\lambda}{4\pi d}\right)^{2}G_{\mathrm{r}}G_{\mathrm{t}}\left|1+\sum_{i=1}^{N-1}R_{i}\exp(\mathrm{j}\Delta\phi_{i})\right|^{2} \tag{3-7}$$

式中，R_i 是路径 i 的反射因子，$\Delta\phi_i$ 是路径 i 的相位。

（2）绕射：由次级波的传播进入阴影区形成，用菲涅尔区表示阴影区场强的变化，菲涅尔区的半径为：

$$r_n=\sqrt{\frac{n\lambda d_1 d_2}{d_1+d_2}} \tag{3-8}$$

式中，d_1、d_2 分别表示发射端、接收端到障碍物的距离，波前到空间任何一点的场强为：

$$E_{\mathrm{R}}=\frac{-1}{4\pi}\iint_{s}\left[E_{s}\frac{\partial}{\partial n}\left(\frac{\mathrm{e}^{-\mathrm{j}r}}{r}\right)-\frac{\mathrm{e}^{-\mathrm{j}r}}{r}\frac{\partial E_{s}}{\partial n}\right]\mathrm{d}s \tag{3-9}$$

（3）散射：无线电波遇到粗糙表面时，反射能量散布于所有方向，导致能量损耗，反射场强需用散射损耗系数修正，散射损耗系数为

$$\rho_{\mathrm{s}}=\exp\left[-8\left(\frac{\pi\sigma_{\mathrm{h}}\sin\theta_{1}}{\lambda}\right)^{2}\right] \tag{3-10}$$

式中，σ_{h}、θ_1 分别是表面高度的标准差和入射角。

修正后的场强为：

$$\Gamma_{\mathrm{rough}}=\rho_{\mathrm{s}}\Gamma \tag{3-11}$$

（4）地形因子：蜂窝移动通信路径上的阴影衰落主要由多次衍射引起，在模型修正中的地形因子通过对电波传播绕过各类屋顶多次衍射进行建模得到。

（5）树木因子：树木和枝条对 UHF 信号和微波信号造成了明显衰减，其损耗模型分为森林区域的电波传播、林中空地的电波传播、近郊（树木成行排列）电波传播，基本思路是考虑林中电磁场由一致场和散射场组成，一致场衰减较快，之后主要是散射场，通过研究不同区域的电磁场反射机制，确定散射系数，最终建立树木因子损耗模型。

（6）一个基本修正模型：考虑在平坦的、但不理想的表面上两个天线之间的实际

传播情况，假设在整个传播路径表面绝对平坦（无折射），基站和移动台的天线高度分别已知，与自由空间的路径损耗相比，平坦地面传播的路径损耗为：

$$L_{\mathrm{p}} = 10\gamma \lg d - 20\lg h_{\mathrm{c}} - 20\lg h_{\mathrm{m}} \quad (3\text{-}12)$$

该式表明增加天线高度一倍，可补偿 6dB 损耗。

3.3　几种常用室外路径损耗传播经验模型

基于 3.2 节介绍的模型法，人们已经根据不同的地形环境提出了多种电波传播损耗模型（表 3-1），其中 Okumura 模型是使用最广泛的模型，其他模型都是在其基础上修正得到的。

电波传播模型一般分为室外传播模型和室内传播模型，其适用范围如表 3-1 所示。

表 3-1　几种常用室外和室内传播模型

模　型	适 用 范 围
Okumura 模型	900MHz/1900MHz 宏蜂窝
COST231-Hata 模型	2GHz 宏蜂窝
COST231 Walfish-Bertoni 模型	900MHz、2GHz 微蜂窝
Keenan-Motley 模型	900MHz、2GHz 室内环境

3.3.1　Okumura 模型

Okumura 模型是预测城区信号时使用最广泛的模型，适用于频率 150～1920MHz（可扩展到 3000MHz/距离为 1～10km/天线高度 30～1000m）的环境。

Okumura 开发了一套在准平滑城区，基站天线高度为 200m，移动台天线高度为 3m 的自由空间中值损耗随距离和频率变化的曲线，如图 3-1 所示，应用该模型时，首先确定自由空间的路径损耗，然后从所给曲线中读出中值损耗，并加入代表地形的修正因子（如图 3-2 所示）：

$$L_{50}(\mathrm{dB}) = L_{\mathrm{f}} + A_{\mathrm{mu}}(f,d) - G(h_{\mathrm{te}}) - G(h_{\mathrm{re}}) - G_{\mathrm{AREA}} \quad (3\text{-}13)$$

式中，f 为工作频率（MHz），h_{te} 为发射有效天线高度，定义为基站天线实际海拔高度与基站沿传播方向实际距离内的平均地面海波高度之差，h_{re} 为接收有效天线高度，$G(h_{\mathrm{te}})$ 为基站天线高度增益因子，$G(h_{\mathrm{re}})$ 为移动台天线高度增益因子，G_{AREA} 为环境增益。

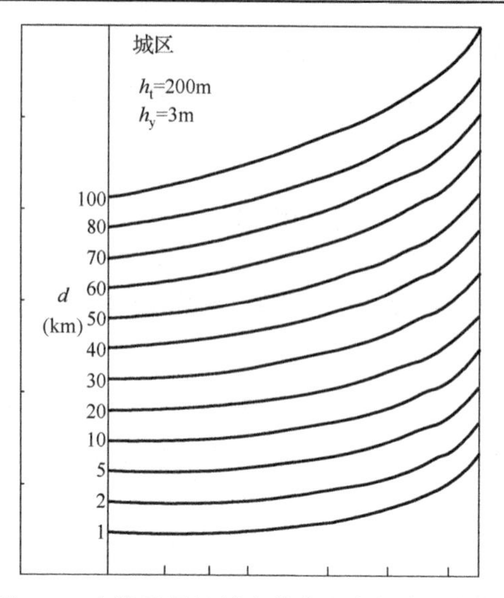

图 3-1 在准平滑地域上的自由空间中值损耗

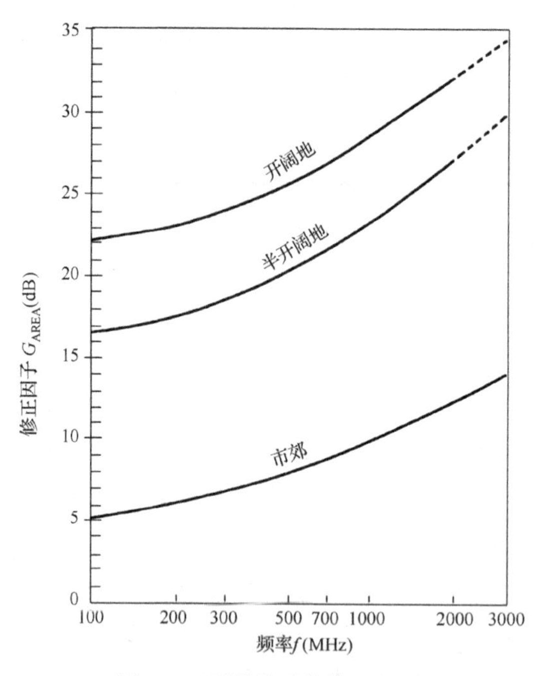

图 3-2 不同地形的修正因子

$$G(h_{te}) = 20\lg\left(\frac{h_{te}}{200}\right) \tag{3-14}$$

$$G(h_{re}) = 10\lg\left(\frac{h_{re}}{3}\right) \quad h_{re} < 3m \tag{3-15}$$

$$G(h_{re}) = 20\lg\left(\frac{h_{re}}{3}\right) \quad 3m < h_{re} < 10m \tag{3-16}$$

地形修正因子 G_{AREA} 根据开阔地、半开阔地、市郊，查表确定。地形相关参数由地形波动高度、独立峰高度、平均地面斜度和混合陆地-海上参数决定。

3.3.2　Okumura-Hata 模型

由于使用 Okumura 模型，需要查找其给出的各种曲线，不利于实际应用。Hata 根据 Okumura 的基本中值场强预测曲线，通过曲线拟合，提出了传播损耗的经验公式，即 Okumura-Hata 模型。该模型适用的环境为：频率 150～1500MHz、发射天线有效高度 30～200m、接收有效天线高度 1～10m 的准平滑地形的城市市区。

$$L_{50}(\text{市区})(\text{dB}) = 69.55 + 26.16\lg f_c - 13.82\lg h_{te} - a(h_{re}) + (44.9 - 6.55\lg h_{te})\lg d \tag{3-17}$$

式中，f_c 为频率（MHz），h_{te} 为发射有效天线高度，h_{re} 为接收有效天线高度，d 为 T-R 距离（km），$a(h_{re})$ 为有效移动天线修正因子，是覆盖区大小的函数。对于中小城市，移动天线修正因子为：

$$a(h_{re}) = (1.1\lg f_c - 0.7)h_{re} - (1.56\lg f_c - 0.8) \tag{3-18}$$

对于大城市，移动天线修正因子为：

$$a(h_{re}) = 8.29(\lg 1.54h_{re})^2 - 1.1 \quad f_c \leqslant 300\text{MHz} \tag{3-19}$$

$$a(h_{re}) = 3.2(\lg 11.75h_{re})^2 - 4.97 \quad f_c \geqslant 300\text{MHz} \tag{3-20}$$

对郊区，Hata 模型修正为：

$$L_{50}(\text{dB}) = L_{50}(\text{市区}) - 2\left[\lg(f_c / 28)\right]^2 - 5.4 \tag{3-21}$$

对于农村地区，公式修正为：

$$L_{50}(\text{dB}) = L_{50}(\text{市区}) - 4.78(\lg f_c)^2 - 18.33\lg f_c - 40.98 \tag{3-22}$$

对于上述模型，在实际无线传播环境中，还应考虑各种地物地貌的影响，修正模型如下：

$$\begin{aligned} L_p = {} & K_1 + K_2\lg d + K_3(h_{re}) + K_4\lg h_{re} + K_5\lg(H_{te}) + \\ & K_6\lg(H_{te})\lg d + K_{7\text{diffn}} + K_{\text{clutter}} \end{aligned} \tag{3-23}$$

式中，K_1为频率有关常数，K_2为距离衰减常数，K_3、K_4为移动台天线高度修正系数，K_5、K_6为基站天线高度修正系数，$K_{7\text{diffn}}$为绕射修正系数，K_{clutter}为地物衰减修正系数，根据这些K参数，可以计算出传播损耗中值，在不同的环境中，K参数取值不同，可查表得到，在有些环境中，还要进行适当的修正。修正的原则如下：

（1）位于市区的建筑平均穿透损耗大于郊区和偏远区；

（2）有窗户区域的损耗一般小于没有窗户区域的损耗；

（3）建筑物内开阔地的损耗小于有走廊的墙壁区域的损耗；

（4）街道墙壁有铝的支架比没有铝的支架产生更大的衰减；

（5）只在天花板加隔离的建筑物比天花板和内部墙壁都加隔离的建筑物产生的衰减小；

（6）在3G蜂窝移动通信系统中，2GHz频率比GSM 900MHz频率的绕射能力差，但是穿透能力强，一般室内的电波分量是穿透分量和绕射分量的叠加，而绕射分量占绝大部分，所以总的看来，2GHz室内外电平差比900MHz室内外电平差要大。

3.3.3 COST231-Hata模型

科学和技术研究欧洲协会（EURO-COST）组成COST-231工作委员会开发的Hata模型的扩展版本。COST-231提出了将Hata模型扩展到2GHz，适用范围：频率150～2000MHz、发射天线有效高度30～200m、接收有效天线高度1～10m、距离1～20km的区域，公式为：

$$L_{\text{b城}} = 46.3 + 33.9\lg f - 13.82\lg h_{\text{b}} - a(h_{\text{m}}) + (44.9 - 6.55\lg h_{\text{b}})(\lg d)^{\gamma} \qquad (3\text{-}24)$$

式中，$a(h_{\text{m}})$为移动台天线高度修正因子：

$$a(h_{\text{m}}) = \begin{cases} (1.1\lg f - 0.7)h_{\text{m}} - (1.56\lg f - 0.8) & \text{中小城市} \\ 8.29(\lg 1.54h_{\text{m}})^2 - 1.1 & 150\text{MHz} < f < 200\text{MHz} \quad \text{大城市} \\ 3.2(\lg 11.75h_{\text{m}})^2 - 4.97 & 400\text{MHz} < f < 1500\text{MHz} \quad \text{大城市} \\ 0 & h_{\text{m}} = 1.5\text{m} \end{cases} \qquad (3\text{-}25)$$

远距离传播修正因子：

$$\gamma = \begin{cases} 1 & d \leqslant 20 \\ 1 + (0.14 + 1.87\times10^{-4} f + 1.07\times10^{-3} h_{\text{b}})\left(\lg\dfrac{d}{20}\right)^{0.8} & d > 20 \end{cases} \qquad (3\text{-}26)$$

3.3.4 Walfish 和 Bertoni 模型

前面几个模型都假定基站到移动台间的传播损耗由移动台周围的环境决定，但在1km之内，基站周围的建筑物和街道走向严重地影响了基站到移动台间的传播损耗，因而前面提到的宏蜂窝模型不适合 1km 内的预测。

COST-231-Walfish-Ikegami 模型基于 Walfish 和 Bertoni 开发的模型，广泛地用于建筑物高度近似一致的郊区和城区环境，在高基站天线情况下采用理论的 Walfish-Bertoni 模型计算多屏绕射损耗，在低基站天线情况下采用实测数据修正，可以计算基站发射天线高于、等于或低于周围建筑物等不同情况的路径损耗，适用于 20m～5km 范围的传播损耗预测，既可用作宏蜂窝模型，也可用作微蜂窝模型，在做微蜂窝覆盖预测时，必须有详细的街道及建筑物的数据，不能采用统计近似值。

Walfish 和 Bertoni 模型使用绕射建模屋顶和建筑物高度对信号的影响，预测街道的平均信号场强，路径损耗 S 为：

$$S = P_0 Q^2 P_1 \tag{3-27}$$

其中，

$$P_0 = \left(\frac{\lambda}{4\pi R}\right)^2 \tag{3-28}$$

表示全向天线间的自由空间路径损耗，因子 Q^2 给出了基于建筑物屋顶的信号衰减，P_1 为从屋顶到街道的基于绕射的信号衰减。

路径衰减为：

$$S(\text{dB}) = L_0 + L_{\text{rts}} + L_{\text{nsd}} \tag{3-29}$$

式中，L_0 表示自由空间损耗，L_{rts} 表示“屋顶到街道的绕射和散射损失”，L_{nsd} 为归于建筑物群的多屏绕射损耗。

在视距传输场景，传播损耗 S 为：

$$L_{\text{b}} = 42.6 + 26\lg d_{(\text{km})} + 20\lg f_{(\text{MHz})} \tag{3-30}$$

在非视距传输场景，传播损耗 S 为：

$$L_{\text{b}} = L_0 + L_{\text{rts}} + L_{\text{msd}} \tag{3-31}$$

其中，

$$L_{\text{rts}}=\begin{cases}-16.9-10\lg\omega+10\lg f+20\lg\Delta h_{\text{Mobile}}+L_{\text{ori}} & h_{\text{roof}}>h_{\text{Mobile}}\\ 0 & L_{\text{rts}}<0\end{cases} \tag{3-32}$$

式中

$$L_{\text{ori}}=\begin{cases}-10+0.354\phi & 0\leqslant\phi<35^\circ\\ 2.5+0.075(\phi-35) & 35^\circ\leqslant\phi<55^\circ\\ 4.0-0.114(\phi-55) & 55^\circ\leqslant\phi<90^\circ\end{cases} \tag{3-33}$$

$$L_{\text{msd}}=\begin{cases}L_{\text{bsh}}+K_{\text{a}}+K_{\text{d}}\lg d+K_{\text{f}}\lg f-9\lg b & L_{\text{msd}}>0\\ 0 & L_{\text{msd}}<0\end{cases} \tag{3-34}$$

式中

$$L_{\text{bsh}}=\begin{cases}-18\lg(1+\Delta h_{\text{Base}}) & h_{\text{Base}}>h_{\text{roof}}\\ 0 & h_{\text{Base}}\leqslant h_{\text{roof}}\end{cases} \tag{3-35}$$

$$K_{\text{a}}=\begin{cases}54 & h_{\text{Base}}>h_{\text{roof}}\\ 54-0.8\Delta h_{\text{Base}} & d\geqslant 0.5\text{km}\text{且}h_{\text{Base}}\leqslant h_{\text{roof}}\\ 54-0.8\Delta h_{\text{Base}}\times\dfrac{d}{0.5} & d<0.5\text{km}\text{且}h_{\text{Base}}\leqslant h_{\text{roof}}\end{cases} \tag{3-36}$$

式中

$$K_{\text{d}}=\begin{cases}18 & h_{\text{Base}}\leqslant h_{\text{roof}}\\ 18-15\times\dfrac{\Delta h_{\text{Base}}}{h_{\text{roof}}} & h_{\text{Base}}>h_{\text{roof}}\end{cases} \tag{3-37}$$

式中

$$K_{\text{f}}=-4+\begin{cases}0.7\left(\dfrac{f}{925}-1\right) & \text{用于中等城市}\\ 1.5\left(\dfrac{f}{925}-1\right) & \text{用于大城市中心}\end{cases} \tag{3-38}$$

式（3-31）中，L_0为自由空间传输损耗，L_{rts}为屋顶至街道的绕射及散射损耗，L_{msd}为多重屏障的绕射损耗，L_{ori}为定向损耗，$\Delta h_{\text{Mobile}}=h_{\text{roof}}-h_{\text{Mobile}}$和$\Delta h_{\text{Base}}=h_{\text{Base}}-h_{\text{roof}}$分别为基站天线与建筑物屋顶高度之差和建筑物屋顶高度与移动天线高度之差，ω为街道宽度，K_{a}表示基站天线低于相邻房屋屋顶时增加的路径损耗，K_{d}、K_{f}分别控制L_{msd}与距离和频率的关系。

3.4　室外微蜂窝传播模型

3.4.1　双线模型

很多室外传播模型都是建立在基本的传播模式如反射、绕射等的基础上的，因为通过这些基本的传播模式可以精确地估计出模型的适用覆盖范围。双线传播就是这样的一种基本传播模式，它所基于的假设是：从发射天线到接收天线有两条路径，其中一条是视距传播，另一条则是地面反射。

多线模型是在双线模型的基础上产生的。如四线模型中的传播路径除了视距传播和地面反射路径之外，还包括两条建筑物反射路径；六线模型则包括了四条建筑物反射路径。显然，模型中包括的反射路径越多，该模型就越精确；但是计算量也随着反射路径的增加而增大。

3.4.2　经验模型

经验模型是在大量测量的基础上产生的，该模型与宏蜂窝室外传播模型最大的不同在于：

（1）模型适用范围小，只适用于基站附近区域（这一点也是微蜂窝模型的共同特征）；

（2）接收天线在发射天线的附近，即只考虑发射天线临近地区的室外传播；

（3）建筑物的绕射主要由屋顶绕射构成。

当天线高度为 5～20m，发射天线与接收天线间的距离为 200m～1km 时，有

$$S = -20\lg[d^a(1+d/g)^b]+c \qquad (3\text{-}39)$$

式中，S 是接收信号场强，单位为 dBm；d 为发射天线与接收天线间的距离，单位为 m；a 为短距离基本衰减率，约等于 1；b 是由于 $d \geqslant 100\text{m}$ 而产生的附加衰减率因子；g 是“断点”的位置；c 是可缩放因子，由具体传播环境而定。

经验模型有两个极端的情况（以下假设“断点”g 为一个常数）。

（1）当距离 d 远远小于“断点”g 时，式（3-39）可以写成

$$S = -20\lg d^a + c \qquad (3\text{-}40)$$

（2）当距离 d 远远大于“断点”g 时，式（3-39）可以写成

$$S = -20\lg d^{a-b} + c + \text{const} \qquad (3\text{-}41)$$

式中，b 约等于 1。

3.5 混合室内-室外传播模型（曼哈顿模型）

曼哈顿模型（Manhattan Model）是一个室内-室外混合模型，所给出的是从室外进入室内所造成的衰减。曼哈顿模型假定用户出入建筑物是通过相同的通道，在该通道上室外传播损耗和室内传播损耗可以线性叠加，因此不存在信号快衰。换言之，曼哈顿模型定义室内-室外传播损耗为：

$$L_{\text{entr.}} = (1 - w(r))L_{\text{Outdoor}} + w(r)L_{\text{Indoor}} \tag{3-42}$$

式中，L_{Indoor}是室内传播损耗；L_{Outdoor}是室外传播损耗；r是与墙之间的距离；$w(r)$是室内传播损耗和室外传播损耗的权值，定义为

$$w(r) = r / R \tag{3-43}$$

式中，R是模型覆盖半径，r满足$0 \leqslant r \leqslant R$。

3.6 室内路径损耗传播经验模型

3.6.1 室内无线传播的基本特点

随着移动通信业务的发展，人们在诸如商务楼、超市或会议厅及家庭等场所传送大量的语音和数据，因此室内通信质量受到越来越多的关注，对无线电波在室内的传播的研究具有重大的意义。

室内无线传播的基本特点之一是用户移动，而地板之间没有移动性，移动台要么静止，要么在办公室和走廊之间以固定速率移动，如果移动台在办公室，那么它静止的概率较高；如果移动台在走廊，那么它静止的概率较低。

室内无线传播的基本特点之二是室内信号传输功率较小，覆盖距离更近，环境的变动对其影响更大。表现之一是建筑物结构的影响，例如，建筑物内的门是开还是关将使信号电平在很大程度上变化。表现之二是不同材料制成的墙体和障碍物对信号有不同的阻隔，根据墙壁、地板和金属物造成的散射和衰落，路径损耗衰落指数在2～5范围内变化，墙壁和地板的穿入损耗根据建筑材料的不同而变化，从轻质编织物的3dB，到混凝土砖块结构的13～20dB。在建筑物内，通常第一层内的衰减比其他楼层衰减要大得多，在六层以上，只有非常小的衰减。表现之三是天线安装位置和类型对

无线传播也有很强的影响，天线安装于桌面高度与安装在天花板的情况会有极为不同的接收信号。

在覆盖方面，由于建筑物自身的屏蔽和吸收作用，造成无线电波较大的传输损耗及移动信号的弱场强区甚至盲区，而数据业务的应用对接收信号又提出了更高的要求。在容量方面，在大型商场、会议中心，由于移动电话使用密度过大，局部网络容量不能满足用户需求，无线信道容易发生拥塞。

建筑物具有大量的分隔和阻挡体。家用房屋中使用木框与石灰板分隔构成内墙，楼层间为木质或非强化的混凝土。另一方面，办公室建筑通常用较大的面积，使用可移动的分隔，以使空间容易划分，楼层间使用金属加强混凝土。作为建筑物结构一部分的分隔，称为硬分隔，可移动的并且未延展到天花板的分隔，称为软分隔。分隔的物理特性和电特性变化范围非常广泛，在特定室内情况下应用通用模型是非常困难的。

和传统的移动信道（室外信道）一样，室内信道中发送的无线电波经历着大量反射和散射造成的多径色散，可以用基本相同的数学模型来描述。但是，传统的移动信道（高基站天线，低移动天线）又和室内信道存在着差别，这些差别可以从以下几个方面理解。

（1）传统的移动信道是时间静止、空间变化的，而室内信道则为时空皆不静止。在传统的移动信道中，信号色散的主要原因是固定物体（建筑物），相比较而言，人和车辆的移动可以忽略，因此可视为时间静止。室内信道的统计时变，是人和其他物体在低高度便携设备天线周围的移动造成的。

（2）室内信道路径损耗更高，在平均信号水平上变化更尖利。而且，按距离的负指数变化的路径损耗模型更适合于移动信道，对室内信道并不总成立。

（3）传统的移动信道存在多普勒频移，而在室内环境不存在快速移动和高速度的手机用户（在室内，移动台的速率范围从静止到 5km/h），因此室内的多普勒频移可忽略。

（4）通常情况下，室内传播距离比移动信道的要短得多，因而传播时延和多径时延差小得多。对于移动信道而言，如果只考虑本地环境，最大附加时延的典型值为几微秒，如果考虑远处物体，如丘陵、山脉、高大建筑物等，则最大附加时延多于 100μs。而对于室内信道，加时延小于 1μs，rms 时延扩展在几十到几百纳秒之间（通常低于 100ns）。那么，对同样程度的符号间干扰，室内环境下的发送速率要高得多。

（5）传统的移动信道受气候、环境、距离等各种因素的影响，接收到的信号幅度和相位是随机变化的，必须考虑各种快衰落、深度平坦衰落、长扩展时延等因素。通信速率高（占用带宽大）时还要考虑频率选择性衰落等各种不确定因素。另外其接收灵敏度必须保障在信号衰减上百 dB 情况下的信号拾取。室内信道由于受建筑物结构、楼层和建筑材料的影响而具有更为复杂的多径结构。室内信道的时间衰落特征是慢衰落的，同时时延扩展因数很小，因而较为简单地达到通信速率兆数量级以上。

上述这些特点说明，由传统移动信道到室内无线信道，无论小尺度衰落模型还是大尺度衰落模型都需要修正，但本书主要讨论传播损耗，所以，仅考虑传播损耗模型。

3.6.2 同楼层分隔损耗室内路径损耗传播通用经验模型

1．对数距离路径损耗模型

$$P_{\mathrm{L}}(d)=P_{\mathrm{L}}(d_0)+10\cdot\gamma\cdot\lg\left(\frac{d}{d_0}\right)+X_{\sigma} \tag{3-44}$$

式中，$P_{\mathrm{L}}(d)$表示路径 d 的总损耗值；$P_{\mathrm{L}}(d_0)$表示近地参考距离（$d_0=3-10\lambda$）内的衰减，d_0为参考距离，在宏蜂窝系统中，通常使用 1km 的参考距离，而在微蜂窝系统中使用较小的参考距离，如 100m 或者 1m；$P_{\mathrm{L}}(d_0)$是基准距离 d_0 的功率；d 是发信机与收信机间的距离。γ 为路径损耗指数，表示路径损耗随距离增长的速率，它依赖于周围环境和建筑物类型；X_σ 是标准偏差为 σ 的正态随机变量，一般为距离的三次方；γ 为自由空间衰减值，表示环境和建筑物传播损耗指数，依赖于周围环境和建筑物类型，X_σ 表示标准偏差为 σ 的正态随机变量，不同建筑物的典型值可查表，如表 3-2 所示。

表 3-2 不同建筑物典型值

建筑物	频率	α	σ /dB
零售商店	914MHz	2.2	8.7
蔬菜店	914MHz	1.8	5.2
办公室硬分割	1500MHz	3.0	7.0
办公室软分割	900MHz	2.4	9.6
纺织物/化学品	1900MHz	2.6	14.1
纺织物/化学品	1300MHz	2.0	3.0
纸张/谷物	4000MHz	2.1	7.0
金属	1300MHz	1.8	6.0
郊区房屋	1300MHz	1.6	5.8
室内走廊	900MHz	3.0	7.0

2. Ericsson 多重断点模型

对于γ的取值，Bernhardt 使用均匀分布，通过测试多层办公室建筑，得出在其限度内，作为距离函数的室内路径损耗值，获得了 Ericsson 无线系统模型，如图 3-3 所示。模型假定 1MHz 处衰减为 30dB，没有假定对数正态阴影成分，模型设置 4 个断点，分别表示不同距离的衰减指数，并考虑了路径损耗的上下边界。

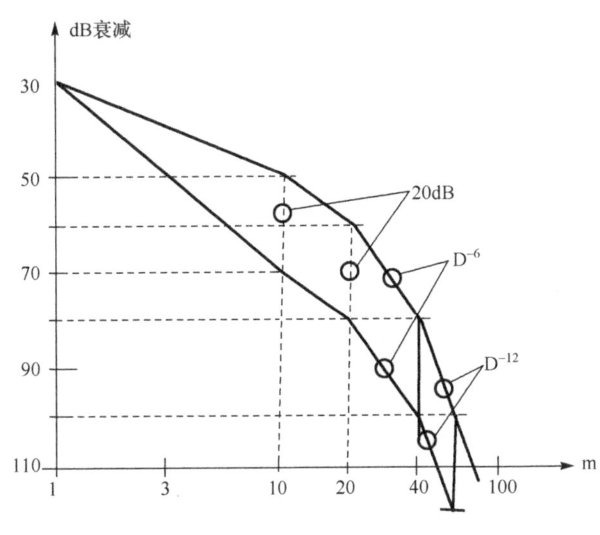

图 3-3 室内路径损耗

3. 衰减因子模型

上述模型没有考虑不同层路径损耗，下述模型同时考虑同层和不同层损耗，模型的灵活性很强，当预测路径损耗与测量值的标准偏差为 4dB 时，衰减因子模型表达式为：

$$P_{\mathrm{L}}(d)=P_{\mathrm{L}}(d_0)+10\cdot n_{\mathrm{SF}}\cdot \lg\left(\frac{d}{d_0}\right)+\mathrm{FAF(dB)} \tag{3-45}$$

式中，n_{SF}表示同层损耗因子，FAF 表示不同层路径损耗附加值（10～20dB）。

4. 同楼层分隔损耗

对于上述模型，考虑同楼层分隔。同楼层分隔通常用木框与石灰板分隔构成内墙，可分为硬分隔和软分隔。作为建筑物结构一部分的分隔，称为硬分隔，可移动的并且未延展到天花板的分隔，称为软分隔。如前所述，电波能量损耗与电波传播方向、材料的介电系数等有关，不同分隔的损耗系数如表 3-3 所示。

表 3-3 不同分隔的损耗系数

材料类型	损耗/dB	频率	材料类型	损耗/dB	频率
所有金属	26	815MHz	走廊拐角	10～13	1300MHz
铝框	20.4	815MHz	轻质织物	3～5	1300MHz
绝缘体泊	3.9	815MHz	20 英尺高的围墙	5～22	1300MHz
混凝土墙	13	1300MHz	金属垫（12 平方英尺）	4～7	1300MHz

5. 楼层间分隔损耗

考虑层间分隔。建筑物楼层间损耗由楼层间的分隔——木质或非强化的混凝土、建筑物外部面积和材料、建筑物的类型及建筑物窗口的数量决定。表 3-4、表 3-5 分别比较了相互影响的三栋楼的楼层衰减因子(FAF)和某独栋楼不同层间衰减因子(FAF)。

表 3-4 不同层损耗（多栋楼比较）

建筑物	915MHz FAF/dB	σ /dB	位置数目	1800MHz FAF/dB	σ /dB	位置数目
A						
一层	33.6	3.2	25	31.3	4.6	110
二层	40	4.8	39	18.5	4.0	28
B						
一层	13.2	9.2	16	26.2	10.5	21
二层	18.1	8.0	10	32.4	9.9	21
三层	24.0	5.6	10	35.2	5.9	20
四层	27.0	6.8	10	38.4	3.4	20
五层	27.1	6.3	10	46.4	3.9	17
C						
一层	28.2	5.8	93	35.4	6.4	74
二层	36.6	6.0	81	35.6	5.9	41
三层	38.6	6.0	70	35.2	3.9	27

表 3-5 不同层损耗（单栋楼）

建筑物	FAF/dB	σ /dB	位置数目
A			
一层	12.9	7.0	52
二层	18.7	2.8	9
三层	24.4	1.7	9
四层	27.0	1.5	9
B			
一层	16.2	2.9	21
二层	27.5	5.4	21
三层	31.6	7.2	21

3.7　无线电波传播模型校正

常用的传播模型是经验模型，是在特定无线环境下通过大量的实际测试得到的，不同地区传播环境不同，需要本地修正。获得修正传播模型常用的方法是通过车载测试，得到本地的路径损耗测试数据，然后通过拟合的方法，用这些数据对原始传播模型公式的各个系数项和地物因子进行校正，使得校正后公式的预测值和实测数据误差最小。这样，经过校正以后的传播模型路径损耗预测的准确性将大大提高，能够比较好地反映本地无线传播环境的特点。传播模型校正一般分以下三步进行，如图 3-4 所示。

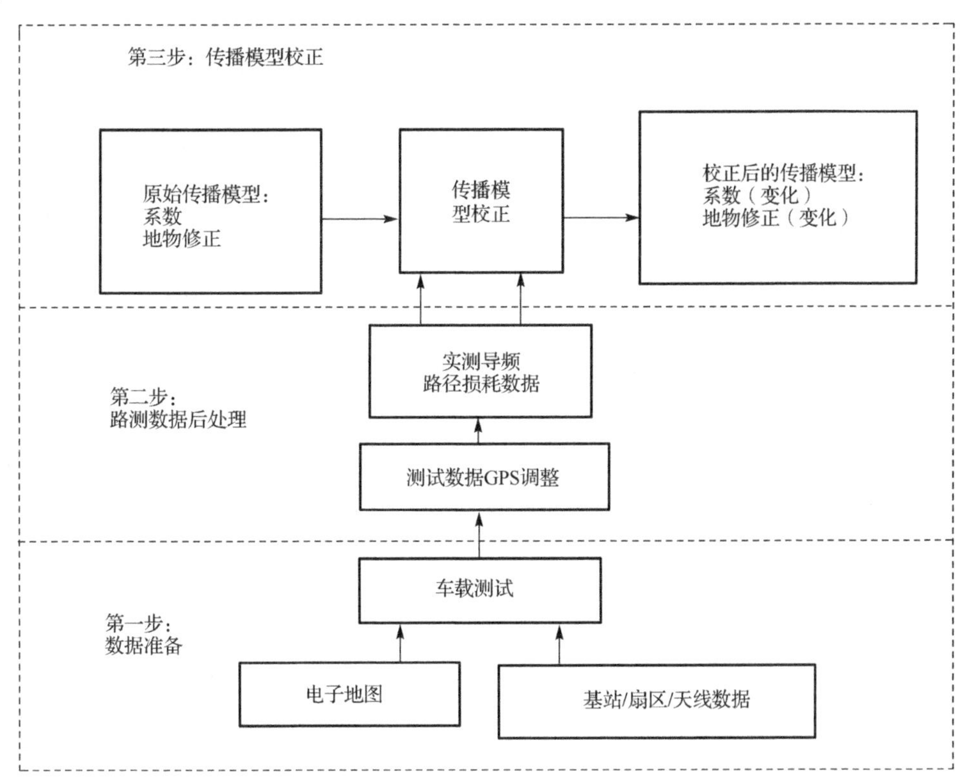

图 3-4　传播模型现网路测和校正步骤

1. 数据准备

设计测试方案，进行车载路测，并记录收集本地的测试信号的场强数据。

2．路测数据后处理

对车载测试数据进行后处理，得到可用于传播模型校正的本地路径损耗数据。

3．传播模型校正

根据后处理得到的路径损耗数据，校正原有的传播模型中各个函数的系数，使模型的预测值和实测值的误差最小。

3.7.1 数据准备

传播模型校正有以下几个方面需要特别注意。

1．数据准备

电子地图包括地形高度、地物信息等对电波传播有影响的地理信息，是进行模型校正、传播预测、覆盖分析、导频规划等工作的重要基础数据。

选取合适精度的电子地图。不同精度的电子地图可识别的地物类型种类有所不同，对地物类型的划分方法也存在差别。对于用得最广的20m精度数字地图，典型地物可分为：水域、海、湿地、郊区开阔地、城区开阔地、绿地、树林、40m以上高层建筑群、20～40m规则建筑群、20m以下高密度建筑群、20m以下中密度建筑群、20m以下低密度建筑群、郊区乡镇及城市公园等。

在实际测试中，需要根据电子地图地表覆盖类型及实际服务区的主要地物，对基站覆盖范围内的地物类型进行判断，确定测试路径，如果路径损耗的采集采取的是现网路测的方法，还需要得到现网基站数据和天线数据，基站数据用于锁定导频PN和导频污染分析，天线增益和高度等信息用于路径损耗计算。

2．车载测试的车速要求

车载测试的类型有两种：一种是CW测试，即在典型区域架设发射天线，发射单载波信号，然后在预先设定的路线上进行车载测试，使用车载接收机接收并记录各处的信号场强；另一种是现网测试，即在已经运营的网络中，通过车载测试手机收集接收并记录各个基站导频信号功率数据。CW测试频率和环境选择方便，而且是全向单载波测试，因而较易于避免其他电波干扰和天线增益不同引起的测试误差，采集数据准确，尤其适用于建网初期对传播环境的本地化预测。现网测试由于是在实际网络中获得路径损耗数据，测试数据真实地反映了宽带信号在本地无线环境中的传播，基于现网测试数据的传播模型校正结果尤其适用于为网络优化提供场强预测。

车载测试有一点特别要注意：为了平均快衰落、得到本地接收信号均值的准确估计，对路测车速和设备数据采样率具有严格的要求。工程上至少要求每 40 个波长距离内记录 50 个点的瞬时接收功率，这时测试误差范围为 2～3dB。假定测试信号频率为 875MHz，有：

$$\frac{50\text{个接收功率瞬时测量值}}{40\lambda}=\frac{50\text{个}}{14\text{m}}=3.65\text{个}/\text{m} \tag{3-46}$$

记这个测试标准为 C，可以得到车速（m/s）、前台测试设备的采样速率 R（个每秒）和测试标准 C 的关系

$$\frac{R}{V}>C \quad \text{或} \quad V<\frac{R}{C}$$

例如，前台设备采样速率 R 为 50 个每秒，即 20ms 测量一组导频的瞬时接收功率，则车速的要求：

$$V<\frac{R}{C}=\frac{50}{3.65}\text{m/s}=13.7\text{m/s}\approx 50\text{km/h}$$

3．传播模型校正

（1）测试站址

站址需覆盖足够多的地物类型，选择服务区内具有代表性的传播环境，对不同的人为环境如密集城区、一般城区、郊区等，分别设测试站点；对每一种人为环境，选择三个或三个以上测试站点，以尽可能消除位置因素；测试站点的天线比周围的障碍物高出 5m 以上。

（2）测试站点相关参数

须记录测试站点经纬度、天线高度、天线类型（包括方向图、增益）、馈缆损耗、发射机的发射功率、接收机的增益、是否有人体损耗和车内损耗（如果使用场强测试车，则没有人体损耗和车内损耗）。特别重要的是确保测试频点干净。一般的，站点处采用全向天线，基站天线有效高度 h_b 为 4～30m，最高建筑物顶层高度为 15m 左右，移动台天线高度 h_m 为 1～2m。

（3）测试路线

设定测试路线必须考虑以下几个方面：

① 能够得到不同距离不同方向的测试数据；

② 在某一距离上至少有 4～5 个测试数据，以消除位置影响；

③ 尽可能经过各种地物；

④ 尽量避免选择高速公路或较宽的公路，最好选择宽度不超过 3m 的狭窄公路。

3.7.2 现网路测数据后处理——校正原理与误差分析

车载测试收集到测试区域导频接收功率数据后，需要进行数据后处理。

首先根据一定的条件对路径损耗实测值进行筛选，把人为和测试仪器引起的错误数据删除。然后解析这些数据，根据导频的发射功率、天线增益等参数，计算出对应的路径损耗。

模型校正需根据地形地物校正公式中的具体因子，针对每个不同的模型，公式形式和参数不尽相同，应有不同的校正方法。由于各模型基本呈线性关系，而对于非线性的传播模型，可以考虑采用对数形式整体校正，得到线性的表达式，因此，可以考虑采用多元线性回归法进行分析。

多元线性回归法：在科学实验和生产实践中，有许多函数关系仅能通过由实验或观测得到的一组数据点 (x_i, y_i)（i=1,2,⋯,m）来表示。而它的解析式 $f(x)$是未知的。选取一函数系 $\varphi_0(x), \varphi_1(x), \cdots, \varphi_n(x)$ 构成的函数空间 $\varphi(x)=\sum_{j=0}^{n} u_j \varphi_j(x)$ 来近似表示 $f(x)$，其中 u_j 是一些待定的参数，通过以下两个原则确定。

（1）要求通过这 m 个数据点，即要求满足

$$\varphi(x_i)=\sum_{j=0}^{n} u_j \varphi_j(x_i) \quad i=1,2,\cdots,m \tag{3-47}$$

然后采用普通最小二乘法通过最小化误差的平方和寻找最佳函数，求解待定系数。

（2）要求 $\varphi(x)$ 尽可能地从每个数据点附近通过（逼近），即采用曲线拟和方法。

传播模型校正的误差有两个来源：用于校正的测试数据的误差及校正算法的误差。用于传播模型校正的数据是经后处理得到路径损耗数据，对于现网导频功率的测试，导致误差主要有以下两个因素：（1）被测基站的天线增益难于确定；（2）合并导频接收功率中存在误差。CDMA 网络中，为了减小干扰、提高系统容量，基站一般采用方向性天线。在测试点得到的导频功率是多个多径分量的最大比合并功率，这些多径分量从基站沿不同方向发射，经过直射、反射、绕射等路径到达接收端，很难确定其发射方向，由于方向性天线各个方向的天线增益不同，基站的天线增益很难准确确定，因此导致一定的误差。而合并导频接收功率误差的根本原因则是 CDMA 各个码信道的非完全正交，解调得到的被测基站（服务基站）导频功率不可避免地包括其他码信道的功率。

3.8　小尺度衰落信道

小尺度衰落或简称衰落，是指无线信号在经过短时或短距传播后其幅度快速衰落，以致大尺度路径损耗的影响可以忽略不计。这种衰落是由于同一传输信号沿两个或多个路径传播，以微小的时间差到达接收机的信号相互干涉所引起的，这些波称为多径波。接收机天线将它们合成一个幅度和相位都急剧变化的信号，其变化程度取决于多径波的强度、相对传播时间及传播信号的带宽。无线信道的多径性导致小尺度衰落效应的产生，三个主要效应表现为：

（1）经过短距或短时传播后信号强度的急速变化；

（2）在不同多径信号上，存在着随机频率调制；

（3）多样传播时延引起的扩展。

一般来说，模拟移动通信主要考虑信号幅度变化，数字移动系统中主要考虑时延扩展。

3.8.1　影响小尺度衰落的因素

无线信道中许多物理因素影响小尺度衰落，包括以下几种。

（1）多径传播。信道中反射及反射物的存在，构成了一个不断消耗信号能量的环境，导致信号幅度、相位及时间的变化。这些波叠加使发射波到达接收机时形成在时间、空间上相互区别的多个无线电波。不同多径成分具有的随机相位和幅度引起信号强度波动，导致小尺度衰落、信号失真等现象。

（2）移动台的运动速度。基站与移动台间的相对运动会引起随机频率调制，多普勒频移是正频移或负频移，取决于移动接收机是朝向还是背向基站运动。

（3）环境物体的运动速度。如果无线信道中的物体处于运动状态，就会引起时变的多普勒频移。若环境物体以大于移动台的速度运动，那么这种运动将对小尺度衰落起决定作用。否则，可仅考虑移动台运动速度的影响，而忽略环境物体运动速度的影响。

（4）信号的传输带宽。如果信号的传输带宽比多径信道带宽大得多，接收信号会失真，但本地接收机信号强度不会衰落很多（小尺度衰落不占主导地位）。以后会看到，信道带宽可用相干带宽量化。

3.8.2 多径信道的参数

1. 时间色散参数与相干带宽

时延扩展是由反射及散射传播路径引起的现象，而相干带宽是从 rms 时延扩展得出的一个确定关系值。相干带宽就是指一特定频率范围，在该范围内，两个频率分量有很强的幅度相关性。如果相干带宽定义为频率相关函数大于 0.9 的某特定带宽，则相干带宽近似为：

$$B_c \approx \frac{1}{50\sigma_\tau} \tag{3-48}$$

如果将定义放宽至相关函数值大于 0.5，则相干带宽近似为：

$$B_c \approx \frac{1}{5\sigma_\tau} \tag{3-49}$$

注意，相干带宽与 rms 时延扩展之间不存在确切关系，以上两式仅是一个估计值。一般而言，谱分析技术与仿真可用于确定时变多径系统对某一特定发送信号的影响。因此，在无线应用中，设计特定的调制解调方式必须采用精确的信道模型。

2. 多普勒扩展和相干时间

时延扩展和相干带宽是用于描述本地信道时间色散特性的两个参数，然而，它们不能描述信道时变特性的信息。多普勒扩展和相干时间就是描述小尺度内信道时变特性的两个参数。

多普勒扩展被定义为一个频率范围，在此范围内接收的多普勒谱有非 0 值。当发送频率为 f_c 的纯正弦信号时，接收信号谱即多普勒谱在 $f_c - f_d$ 至 $f_c + f_d$ 范围内存在分量，其中 f_d 是多普勒频移。谱展宽依赖于 f_d， f_d 是移动台的相对速度、移动台运动方向、与散射波入射方向之间夹角 θ 的函数。如果基带信号带宽远大于 B_D，则在接收机端可忽略多普勒扩展的影响，即慢衰落信道。

相干时间是多普勒扩展在时域的表示，用于在时域描述信道频率色散的时变特性。与相干时间成反比，即

$$T_c \approx \frac{1}{f_m} \tag{3-50}$$

相干时间是信道冲激响应维持不变的时间间隔的统计平均值。换句话说，相干时间就是指一段时间间隔，在此间隔内，两个到达信号有很强的幅度相关性。当时间相

关函数定义为大于 0.5 时，相干时间近似为：

$$T_c \approx \frac{9}{16\pi f_m} \tag{3-51}$$

式中，f_m 是多普勒频移。现代数字通信中，一种普遍的定义方法是将相干时间定义为以上两式的几何平均，即

$$T_c \approx \sqrt{\frac{9}{16\pi f_m^2}} = \frac{0.423}{f_m} \tag{3-52}$$

由相干时间的定义可知，时间间隔大于相干时间的两个到达信号受信道的影响各不相同。例如，以 60km/h 速度行驶的汽车，其载频为 900MHz，可计算出的一个保守值为 5.2ms。

3.8.3　多径时延扩展产生的衰落效应

多径特性引起的时间色散，导致发送的信号产生平坦衰落或频率选择性衰落。

1．平坦衰落

如果移动无线信道带宽大于发送信号的带宽，且在带宽范围内有恒定增益及线性相位，则接收信号就会经历平坦衰落过程。这种衰落是最常见的一种。在平坦衰落情况下，信道的多径结构使发送信号的频谱特性在接收机内仍能保持不变。然而，由于多径导致信道增益的起伏，使接收信号的强度会随着时间变化。

经历平坦衰落的条件可概括如下：

$$\begin{aligned} B_S &\leqslant B_C \\ T_S &\geqslant \sigma_\tau \end{aligned} \tag{3-53}$$

式中，T_S 是带宽的倒数（如信号周期），B_S 是带宽，σ_τ 和 B_C 分别是时延扩散和相干带宽。

2．频率选择性衰落

如果信道具有恒定增益和线性相位的带宽范围小于发送信号带宽，则该信道特性会导致接收信号产生选择性衰落。在这种情况下，信道冲激响应具有多径时延扩展，其值大于发送信号波形带宽的倒数。此时，接收信号中包含经历了衰减和时延的发送信道波形的多径波，因而，产生接收信号失真。频率选择性衰落是由信道中发送信号的时间色散引起的。这样信道就引起了符号间干扰（ISI）。频域中接收信号的某些频率比其他分量获得了更大增益。

对频率选择性衰落而言，发送信号 $S(f)$ 的带宽大于信道的相干带宽 B_C。由频域可看出，不同频率获得不同增益时，信道就会产生频率选择。当多径时延接近或超过发送信号的周期时，就会产生频率选择性衰落。频率选择性衰落信道也称为宽带信道，信号 $S'(l)$ 的带宽宽于信道冲激响应带宽。随着时间变化，$S'(t)$ 的频谱范围内的信道增益与相位也发生了变化，导致接收信号 $r(t)$ 发生时变失真。信号产生频率选择性衰落的条件是：

$$\begin{aligned} B_S &> B_C \\ T_S &< \sigma_\tau \end{aligned} \tag{3-54}$$

通常若式（3-54）成立，该信道也认为是频率选择性的，尽管这一范围依赖于所用的调制类型。

3.8.4 多普勒扩展产生的衰落效应

1. 快衰落

根据发送信号与信道变化快慢程度的比较，信道可分为快衰落信道和慢衰落信道。在快衰落信道中，信道冲激响应在符号周期内变化很快，即信道的相干时间比发送信号的信号周期短。由于多普勒扩展引起频率色散（也称为时间选择性衰落），从而导致信号失真。从频域可看出，信号失真随发送信号带宽的多普勒扩展的增加而加剧。因此，信号经历快衰落的条件是：

$$\begin{aligned} T_S &> T_C \\ B_S &< B_D \end{aligned} \tag{3-55}$$

需要注意的是，当信道被认为是快衰落或慢衰落信道时，就不用再指它为平坦衰落或频率选择性衰落信道。快衰落仅与由运动引起的信道变化率有关。对平坦衰落信道，可以将冲激响应简单近似为一个函数（无时延）。所以，平坦衰落、快衰落信道就是函数变化率快于发送基带信号变化率的一种信道。而频率选择性、快衰落信道是任意多径分量的幅度、相位及时间变化率快于发送信号变化率的一种信道。实际上，快衰落仅发生在数据率非常低的情况下。

2. 慢衰落

在慢衰落信道中，信道冲激响应变化率比发送的基带信号变化率低很多，因此可假设在一个或若干带宽倒数间隔内，信道均为静态信道。在频域中，这意味着信道的多普勒扩展比基带信号带宽小得多。所以信号经历慢衰落的条件是：

$$
\begin{aligned}
T_S &< T_C \\
B_S &> B_D
\end{aligned}
\tag{3-56}
$$

显然，移动台的速度（或信道路径中物体的速度）及基带信号发送速率，决定了信号是经历快衰落还是慢衰落。

3.8.5　Rayleigh、Ricean 及 Nakagami-m 分布

1. Rayleigh 衰落分布

在移动无线信道中，Rayleigh 分布是常见的用于描述平坦衰落信号或独立多径分量接收包络统计时变特性的一种分布类型。Rayleigh 分布的概率密度函数为：

$$
p(r)=\frac{r}{\sigma^2}\mathrm{e}^{\frac{-r^2}{2\sigma^2}} \tag{3-57}
$$

式中，σ 是包络检波之前所接收的电压信号的 rms 值，σ^2 是包络检波之前的接收信号包络的时间平均功率。

2. Ricean 衰落分布

当存在一个主要的静态（非衰落）信号分量时，如视距传播，小尺度衰落的包络分布服从 Ricean 分布。Ricean 分布为

$$
p(r)=\frac{r}{\sigma^2}\mathrm{e}^{\frac{-r^2+A^2}{2\sigma^2}I_0\left(\frac{Ar}{\sigma^2}\right)} \tag{3-58}
$$

参数 A 指主信导幅度的峰值，$I_0()$是 0 阶第一类修正贝塞尔函数。贝塞尔分布常用参数 K 来描述，K 被定义为主信号的功率与多径分量方差之比。K 的表示式为

$$
K=A^2/(2\sigma^2) \tag{3-59}
$$

参数 K 是 Ricean 因子，完全确定了 Ricean 分布。当 $A\to 0$时，$K\to -\infty$ dB，且主信号幅度减小时，Ricean 分布转变为 Rayleigh 分布。

3. Nakagami-m 分布

Nakagami-m 分布是一种重要的衰落幅度分布模型，它能描述大量的衰落环境，包括 Rayleigh 分布和单边高斯分布等。其概率密度函数为：

$$
p(r)=\frac{2m^m r^{2m-1}}{\Gamma(m)\Omega^m}\mathrm{e}^{-\left(\frac{m}{\Omega}\right)r^2} \tag{3-60}
$$

显然，Nakagami-m 概率密度函数与两个参数 (m,Ω) 密切相关，其中，$\Gamma(m)=\int_0^{\infty} v^{m-1}e^{-v}\mathrm{d}v$ 是伽马函数，Ω 是幅度为 R 的二阶矩，即

$$\Omega = E(R^2) = \overline{R}^2 \tag{3-61}$$

m 为衰落参数，也可称为概率密度的阶，可以从 0.5 取到无限，控制幅度衰落的强度和深度，其具体含义为：当 $0.5 \leqslant m < 1$ 时，对应信道衰落情况比瑞利衰落严重；当 $m=1$ 时，等同于瑞利衰落；当 $m=\infty$ 时，则表现信道衰落情况好于瑞利衰落；当时没有衰落。

习　　题

1．室外环境下，电波传播受哪些因素影响？常见的传播模型有哪几种？分别适用于什么场景？

2．室内环境下，电波传播受哪些因素影响？传播模型有几种？参数如何修正？

3．传播模型校正的一般方法是什么？

4．小尺度衰落有几种？相关带宽、相干时间如何计算？

5．综述电波传播的衰落模式。

第4章　天线及规划

天线是把传输线上传输的导行波变换成空气等无界媒介中传播的电磁波，或者进行相反转换的变换器，是无线电设备中发射和接收电磁波的部件，也是收发信机与外界传播介质之间的接口。同一副天线既可以辐射又可以接收无线电波，发射时把高频电流转换为电磁波，接收时把电磁波转换为高频电流。

天线理论包含辐射理论、阻抗理论与接收理论。辐射理论研究天线的电流分布、辐射强度、辐射效率等，阻抗理论研究天线的输入阻抗，以设计匹配的馈电系统，接收理论主要研究天线接收外来电磁波的能力、天线感应的电压等。

天线设计是蜂窝移动通信中关键的一环。天线的辐射模式、增益、波瓣宽度、输入阻抗、极化特性等直接影响移动通信系统的性能，根据实际通信环境的需要合理选择天线类型、优化天线参数，对于降低功率损耗、减小干扰、提高系统容量，同时降低无线系统的建设、维护成本具有重要意义。

本章首先介绍天线基本原理，包括记本子的辐射、电参数及接收天线理论，再讲述天线规划基本方法，包括基本规划方法、天线调整、具体场景中的天线选择及极化方式对比。本章重点在于天线的规划。

4.1　天线基本原理及参数

天线的基本理论包括辐射理论、阻抗理论与接收理论，分别描述了天线发射、匹配、接收电磁波的基本原理，在工程实践中，人们定义若干参数描述上述这些特性，称为天线的电参数。天线的电参数包括方向图、主瓣宽度、副瓣电平、方向性系数、增益、极化、输入阻抗、频谱宽度、有效面积、等效噪声温度等。

值得说明的是，天线的种类可分为发、收或收发共用通信天线；雷达天线、导航天线；全向天线、定向天线；线极化、圆极化、椭圆极化；窄带天线、宽带天线等，由于篇幅所限，本节只讲述与移动通信有关的内容。

4.1.1 电基本振子的辐射

电基本振子是一段长度 l 远小于波长，电流 I 振幅均匀分布、相位相同的直线电流元，它是线天线的基本组成部分，任意线天线均可看成是由一系列电基本振子构成的。

在图 4-1 所示的坐标系中，电基本振子的电磁场特性如下。

$$\begin{cases} E_r = \dfrac{Il}{4\pi} \cdot \dfrac{2}{\omega\varepsilon_0} \cos\theta \left(\dfrac{-\mathrm{j}}{r^3} + \dfrac{k}{r^2} \right) \mathrm{e}^{-\mathrm{j}kr} \\ E_\theta = \dfrac{Il}{4\pi} \cdot \dfrac{1}{\omega\varepsilon_0} \sin\theta \left(\dfrac{-\mathrm{j}}{r^3} + \dfrac{k}{r^2} + \dfrac{\mathrm{j}k^2}{r} \right) \mathrm{e}^{-\mathrm{j}kr} \\ E_\varphi = 0 \\ H_r = 0 \\ H_\theta = 0 \\ H_\varphi = \dfrac{Il}{4\pi} \sin\theta \left(\dfrac{1}{r^2} + \dfrac{\mathrm{j}k}{r} \right) \mathrm{e}^{-\mathrm{j}kr} \end{cases} \tag{4-1}$$

式中，$k = \omega\sqrt{\mu\varepsilon}$，是媒质中电磁波的波数。

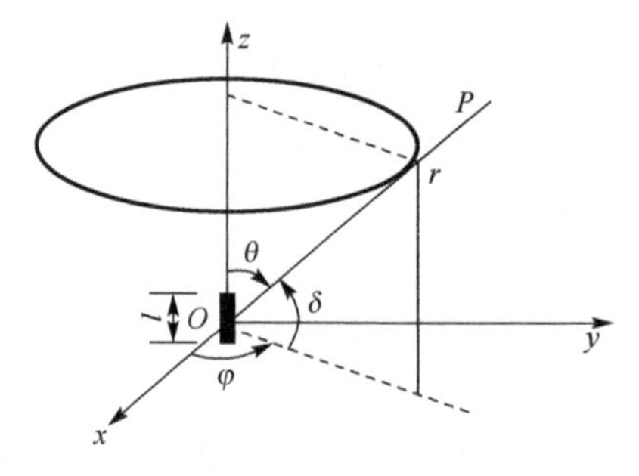

图 4-1 电基本振子的辐射

1. 近区场

在靠近电基本振子的区域（$kr \ll 1$，即 $r \ll \lambda/2\pi$），由于 r 很小，故只需保留式（4-1）中的 $1/r$ 的高次项，并注意 $\mathrm{e}^{-\mathrm{j}kr} \approx 1$，电基本振子的近区场表达式为

$$E_r = -\mathrm{j}\frac{Il}{4\pi r^3} \cdot \frac{2}{\omega\varepsilon_0} \cos\theta$$

$$E_\theta = -\mathrm{j}\frac{Il}{4\pi r^3}\cdot\frac{2}{\omega\varepsilon_0}\sin\theta \tag{4-2}$$

$$H_\phi = \frac{Il}{4\pi r^2}\sin\theta$$

对于近区场，有以下三点值得注意。

（1）在近区，电场 E_r 和 E_θ 与静电场问题中的电偶极子的电场相似，磁场 H_φ 和恒定电流场问题中的电流元的磁场相似，所以近区场称为准静态场。

（2）由于场强与 $1/r$ 的高次方成正比，所以近区场随距离的增大而迅速减小，即离天线较远时，可认为近区场近似为零。

（3）电场与磁场相位相差 90°，说明坡印亭矢量为虚数，也就是说，电磁能量在场源和场之间来回振荡，没有能量向外辐射，所以近区场又称为感应场。

2. 远区场

实际上，收发两端之间的距离一般是相当远的（$kr \gg 1$，即 $r \gg \lambda/2\pi$），在这种情况下，式（4-1）中的$1/r^2$和$1/r^3$项比起 $1/r$ 项而言，可忽略不计，于是电基本振子的电磁场表示式简化为

$$E_\theta = \mathrm{j}\frac{k^2 Il}{4\pi\omega\,\varepsilon_0 r}\sin\theta \mathrm{e}^{-\mathrm{j}kr}$$

$$H_\phi = \mathrm{j}\frac{kIl}{4\pi r}\sin\theta \mathrm{e}^{-\mathrm{j}kr} \tag{4-3}$$

对于远场区，要注意以下几点。

（1）在远区，电基本振子的场只有 E_θ 和 H_φ 两个分量，它们在空间上相互垂直，在时间上同相位，所以其坡印亭矢量是实数，且指向 r 方向。这说明电基本振子的远区场是一个沿着径向向外传播的横电磁波，所以远区场又称为辐射场。

（2）$\eta = E_\theta / H_\varphi = \sqrt{\mu_0/\varepsilon_0} = 120\pi$ 是一常数，即等于媒质的本征阻抗，因而远区场具有与平面波相同的特性。

（3）辐射场的强度与距离成反比，随着距离的增大，辐射场减小。这是因为辐射场是以球面波的形式向外扩散的，当距离增大时，辐射能量分布到更大的球面面积上。

（4）在不同的方向上，辐射强度是不相等的。这说明电基本振子的辐射是有方向性的。

4.1.2 天线的电参数

1. 天线方向图及其有关参数

天线方向图是指在离天线一定距离处，辐射场的相对场强（归一化模值）随方向变化的曲线图，通常采用通过天线最大辐射方向上的两个相互垂直的平面方向图来表示。

移动通信中的超高频天线通常采用与场矢量相平行的两个平面来表示。

（1）*E* 平面

所谓 *E* 平面，就是电场矢量所在的平面。对于沿 *z* 轴放置的电基本振子而言，子午平面是 *E* 平面。

（2）*H* 平面

所谓 *H* 平面，就是磁场矢量所在的平面。对于沿 *z* 轴放置的电基本振子而言，赤道平面是 *H* 面。图 4-2 所示为电基本振子的方向图。

实际天线的方向图一般要比图 4-2 复杂。典型的 *H* 平面方向图如图 4-3（a）所示，这是在极坐标中 E_θ 的归一化模值随 φ 变化的曲线，通常有一个主要的最大值和若干次要的最大值。头两个零值之间的最大辐射区域是主瓣（或称主波束），其他次要的最大值区域都是旁瓣（或称边瓣、副瓣）。为了分析方便，将图 4-2 中极坐标下的方向图转化为图 4-3 中直角坐标下的方向图。

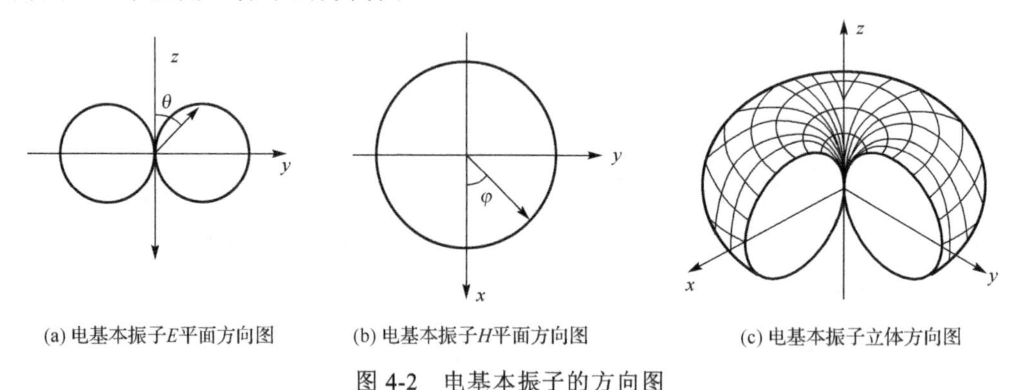

(a) 电基本振子*E*平面方向图　(b) 电基本振子*H*平面方向图　(c) 电基本振子立体方向图

图 4-2 电基本振子的方向图

天线的方向图参数有如下 4 个。

（1）主瓣宽度

主瓣宽度是衡量天线的最大辐射区域的尖锐程度的物理量。通常它取方向图主瓣两个半功率点之间的宽度，在场强方向图中，等于最大场强的 $1/\sqrt{2}$ 两点之间的宽度，称为半功率波瓣宽度；有时也将头两个零点之间的角宽作为主瓣宽度，称为零功率波瓣宽度。

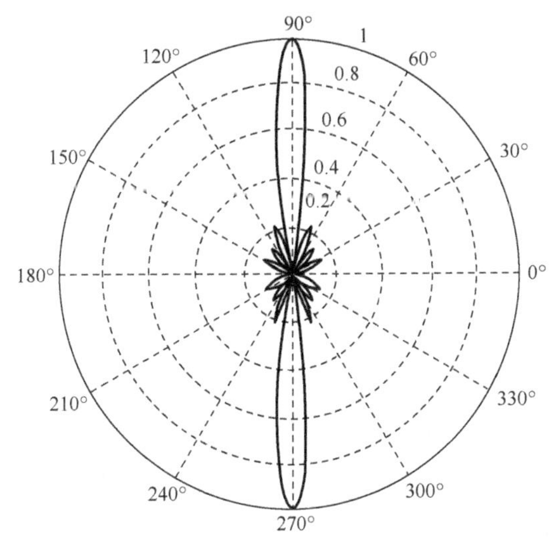

(a) 极坐标表示的H平面方向图

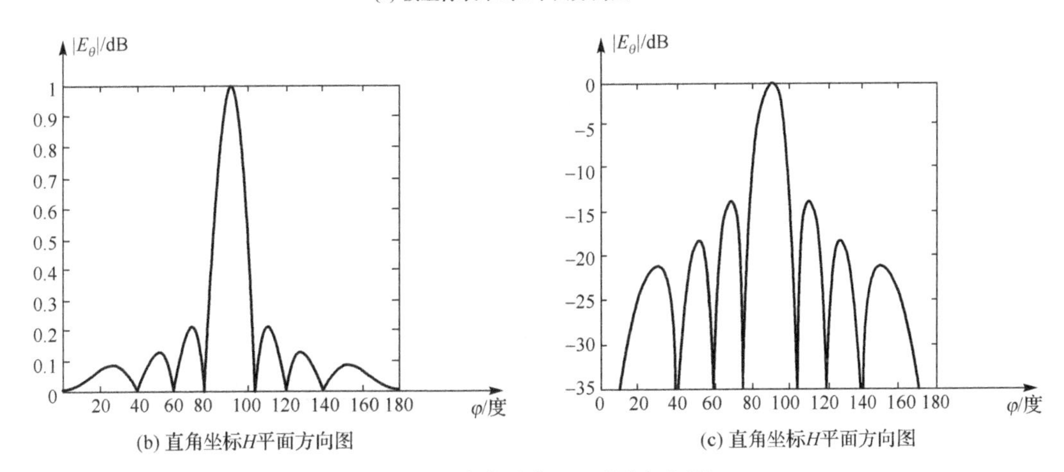

(b) 直角坐标H平面方向图　(c) 直角坐标H平面方向图

图 4-3　直角坐标 H 平面方向图

（2）旁瓣电平

旁瓣电平是指离主瓣最近且电平最高的第一旁瓣电平，一般以分贝表示。方向图的旁瓣区是不需要辐射的区域，所以其电平应尽可能低，且天线方向图一般都有这样一条规律：离主瓣越远的旁瓣的电平越低。第一旁瓣电平的高低，在某种意义上反映了天线方向性的好坏。另外，在天线的实际应用中，旁瓣的位置也很重要。

（3）前后比

前后比是指最大辐射方向（前向）电平与其相反方向（后向）电平之比，通常以分贝为单位。

上述方向图参数虽能在一定程度上反映天线的定向辐射状态，但由于这些参数未能反映辐射在全空间的总效果，因此都不能单独体现天线集束能量的能力。需要再定义一个表示天线集束能量的电参数，这就是方向系数。

（4）方向系数

方向系数定义为：在离天线某一距离处，天线在最大辐射方向上的辐射功率流密度 S_{max} 与相同辐射功率的理想无方向性天线在同一距离处的辐射功率流密度 S_0 之比，记为 D

$$D=\frac{S_{max}}{S_0}=\frac{|E_{max}|^2}{|E_0|^2} \tag{4-4}$$

设实际天线的辐射功率为 P_Σ，它在最大辐射方向上 r 处产生的辐射功率流密度和场强分别为 S_{max} 和 E_{max}；又设有一个理想的无方向性天线，其辐射功率为 P_Σ 不变，它在相同的距离上产生的辐射功率流密度和场强分别为 S_0 和 E_0，其表达式分别为

$$S_0=\frac{P_\Sigma}{4\pi r^2}=\frac{|E_0|^2}{120\pi} \tag{4-5}$$

则

$$|E_0|^2=\frac{60P_\Sigma}{r^2} \tag{4-6}$$

$$D=\frac{r^2|E_{max}|^2}{60P_\Sigma} \tag{4-7}$$

设天线归一化方向函数为 $F(\theta,\varphi)$，则它在任意方向的场强与功率流密度分别为

$$|E(\theta,\phi)|=|E_{max}|\cdot|F(\theta,\phi)| \tag{4-8}$$

$$S(\theta,\phi)=\frac{1}{2}\mathrm{Re}(E_\theta H_\phi^*)=\frac{|E(\theta,\phi)^2|}{240\pi} \tag{4-9}$$

$$S(\theta,\phi)=\frac{|E_{max}|^2}{240\pi}|F(\theta,\phi)|^2 \tag{4-10}$$

在半径为 r 的球面上对功率流密度进行面积分，就得到辐射功率：

$$P_\Sigma=\oiint_S S(\theta,\phi)\mathrm{d}S=\frac{r^2|E_{max}|^2}{240\pi}\int_0^{2\pi}\int_0^{\pi}|F(\theta,\phi)|^2\sin\theta\mathrm{d}\theta\mathrm{d}\phi \tag{4-11}$$

$$D = \frac{4\pi}{\int_0^{2\pi}\int_0^{\pi}\left|F(\theta,\phi)\right|^2 \sin\theta \mathrm{d}\theta \mathrm{d}\phi} \tag{4-12}$$

可以看出，要使天线的方向系数大，不仅要求主瓣窄，而且要求全空间的旁瓣电平小。

工程上，方向系数常用分贝来表示，这需要选择一个参考源，常用的参考源是各向同性辐射源（isotropic，其方向系数为 1）和半波偶极子（dipole，其方向系数为 1.64）。若以各向同性源为参考，分贝表示为 dBi，即

$$D(\mathrm{dBi}) = 10\lg D$$

2．天线效率

天线效率定义为天线辐射功率与输入功率之比，记为 η_A

$$\eta_\mathrm{A} = \frac{P_\Sigma}{P_\mathrm{i}} = \frac{P_\Sigma}{P_\Sigma + P_1} \tag{4-13}$$

式中，P_i 为输入功率，P_1 为欧姆损耗。

天线辐射功率的能力常用天线的辐射电阻 R_Σ 来度量。天线的辐射电阻是一个虚拟的量，定义如下：设有一电阻 R_Σ，当通过它的电流等于天线上的最大电流时，其损耗的功率就等于其辐射功率。显然，辐射电阻越大，天线的辐射能力越强。

由上述定义得辐射电阻与辐射功率的关系为

$$P_\Sigma = \frac{1}{2} I_\mathrm{m}^2 R_\Sigma \tag{4-14}$$

即

$$R_\Sigma = \frac{2P_\Sigma}{I_\mathrm{m}^2} \tag{4-15}$$

仿照引入辐射电阻的方法，损耗电阻为：

$$R_1 = \frac{2P_1}{I_\mathrm{m}^2} \tag{4-16}$$

天线效率为

$$\eta_\mathrm{A} = \frac{R_\Sigma}{R_\Sigma + R_1} = \frac{1}{1 + R_1 / R_\Sigma} \tag{4-17}$$

要提高天线效率，应尽可能提高辐射电阻，降低损耗电阻。

例如，某一工作在 1MHz，单位长的基本电振子，辐射电阻

$$R_{\rm r}=80\pi^2\left(\frac{1}{300}\right)^2=0.0088\Omega$$

均匀电流天线的欧姆电阻

$$R_{\rm l}\approx\frac{L}{2\pi a}R_{\rm s}$$

式中，L 是导线长度，a 是导线半径，$R_{\rm s}$ 是表面电阻

$$R_{\rm s}=\sqrt{\frac{\omega\mu}{2\sigma}}$$

工作在 1MHz 的铜线

$$R_{\rm s}=\sqrt{\frac{4\pi\times10^{-7}\times2\pi\times10^{6}}{2\times5.7\times10^{-7}}}=2.63\times10^{-4}\Omega$$

假设导线半径是 $a=4.06\times10^{-4}$m，由式（4-17）得出辐射效率为

$$\eta=\frac{0.0088}{0.0088+0.103}\times100\%=7.87\%$$

可见，效率很低。由于辐射电阻跟长度的平方成正比，欧姆电阻跟长度成正比，增加天线的长度可以提高效率。另外，输入阻抗与天线的结构和工作波长有关，基本半波振子，即由中间对称馈电的半波长导线，其输入阻抗为（73.1+j42.5）Ω。在工程实践中，当把振子长度缩短 3%～5%时，就可以消除其中的电抗分量，使天线的输入阻抗为纯电阻，即使半波振子的输入阻抗为 73.1Ω（标称 75Ω）。

3．增益系数

增益系数是综合衡量天线能量转换和方向特性的参数，它是方向系数与天线效率的乘积，记为 G

$$G=D\cdot\eta_{\rm A} \tag{4-18}$$

由式（4-18）可见，天线方向系数和效率愈高，则增益系数愈高，将方向系数公式和效率公式代入式（4-18）得

$$G=\frac{r^2\left|E_{\max}\right|^2}{60P_{\rm i}} \tag{4-19}$$

由式（4-19）可得一个实际天线在最大辐射方向上的场强为

$$|E_{\max}| = \frac{\sqrt{60GP_{\mathrm{i}}}}{r} = \frac{\sqrt{60D\eta_{\mathrm{A}}P_{\mathrm{i}}}}{r} \tag{4-20}$$

假设天线为理想的无方向性天线，即 $D = 1$，$\eta_{\mathrm{A}} = 1$，$G = 1$，则它在空间各方向上的场强为

$$|E_{\max}| = \frac{\sqrt{60P_{\mathrm{i}}}}{r} \tag{4-21}$$

可见，天线的增益系数描述了天线与理想的无方向性天线相比，在最大辐射方向上将输入功率放大的倍数。

4. 极化和交叉极化电平

极化特性是指天线在最大辐射方向上电场矢量的方向随时间变化的规律，也就是在空间某一固定位置上，电场矢量的末端随时间变化所描绘的图形，如果是直线，就称为线极化；如果是圆，就称为圆极化；如果是椭圆，就称为椭圆极化。因此，按天线所辐射的电场的极化形式，可将天线分为线极化天线、圆极化天线和椭圆极化天线。线极化又可分为水平极化和垂直极化；圆极化和椭圆极化都可分为左旋和右旋。

理想情况下，线极化意味着只有一个方向，但实际场合通常是不可能的对线极化，因此引入交叉极化电平来表征线极化的纯度。例如，一个垂直极化天线，交叉极化电平是由于在水平方向有电场分量，一般交叉极化电平是一个测量值，它比同极化电平要小。对于圆极化天线，难以辐射纯圆极化波，其实际辐射的是椭圆极化波，这对利用天线的极化特性实现天线间的电磁隔离是不利的，因此引入椭圆度参数来表征圆极化纯度。

5. 频带宽度

上述电参数都是针对某一工作频率设计的，当工作频率偏离设计频率时，会引起天线各个参数的变化，如主瓣宽度增大、旁瓣电平增高、增益系数降低、输入阻抗和极化特性变坏等。实际上，天线也并非工作在点频，而是有一定的频率范围。当工作频率变化时，天线的有关电参数不超出规定范围的频率范围称为频带宽度，简称为天线的带宽。

6. 输入阻抗与驻波比

要使天线与馈线良好地匹配，必须使天线的输入阻抗等于传输线的特性阻抗，才能使天线获得最大功率。

设天线输入端的反射系数为Γ，则天线的电压驻波比为

$$\mathrm{VSWR}=\frac{1+|\Gamma|}{1-|\Gamma|} \tag{4-22}$$

回波损耗为

$$L_{\mathrm{r}}=-20\lg|\Gamma| \tag{4-23}$$

输入阻抗为

$$Z_{\mathrm{in}}=Z_0\frac{1+\Gamma}{1-\Gamma} \tag{4-24}$$

特殊的，当反射系数$\Gamma=0$时，VSWR = 1，此时$Z_{\mathrm{in}}=Z_0$，天线与馈线匹配，这意味着输入端功率均被送到天线上，即天线得到最大功率。

7．有效长度

有效长度是衡量天线辐射能力的又一个重要指标。天线的有效长度定义如下：在保持实际天线最大辐射方向上的场强值不变的条件下，假设天线上电流分布为均匀分布时天线的等效长度。它是把天线在最大辐射方向上的场强和电流联系起来的一个参数，通常将归于输入电流的有效长度记为h_{ein}，将归于波腹电流的有效长度记为h_{em}。显然，有效长度越长，天线的辐射能力越强。

如图4-4所示，假设实际长度为l的某天线的电流分布为$I(z)$，该天线在最大辐射方向产生的电场为

$$E_{\max}=\int_0^l \mathrm{d}E=\int_0^l \frac{60\pi}{\lambda r}I(z)\mathrm{d}z \tag{4-25}$$

若以该天线的输入端电流为均匀分布、长度为 l_{ein} 时，天线在最大辐射方向产生的电场可类似于电基本振子的辐射电场，即

$$E_{\max}=\frac{60\pi I_{\mathrm{in}}l_{\mathrm{ein}}}{\lambda r} \tag{4-26}$$

令式（4-25）和式（4-26）相等，得

$$I_{\mathrm{in}}l_{\mathrm{ein}}=\int_0^l I(z)\mathrm{d}z \tag{4-27}$$

由式（4-27）可以看出，以高度为一边，则实际电流与等效均匀电流所包围的面积相等。在一般情况下，归算于输入电流I_{in}的有效长度与归算于波腹电流的有效长度不相等。

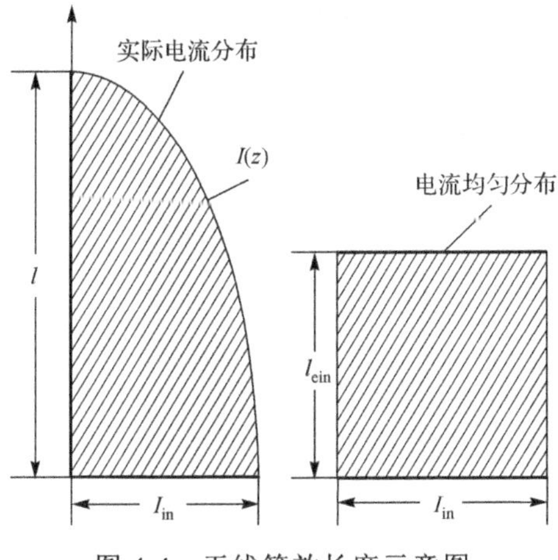

图 4-4 天线等效长度示意图

引入有效长度以后，考虑到电基本振子的最大场强的计算，可写出天线辐射场强的一般表达式为

$$\left|E(\theta,\varphi)\right|=\left|E_{\max}\right|F(\theta,\varphi)=\frac{60\pi Ile}{\lambda r}F(\theta,\varphi) \tag{4-28}$$

式中，le 与 $F(\theta,\varphi)$ 均用同一电流归算。

在天线设计的过程中，有一些专门的措施可以加大天线的等效长度，用来提高天线的辐射能力。

4.1.3 接收天线理论

1. 天线接收的物理过程及收发互易性

只有沿天线导体表面的电场切线分量才能在天线上激起电流，经过推导，接收天线的接收电动势为：

$$E=E_{\mathrm{i}}\cos\psi h_{\mathrm{ein}}F(\theta) \tag{4-29}$$

式中，ψ 是入射场 E_{i} 与 θ 的夹角，θ 是方向角 θ 的单位矢量，h_{ein} 是接收天线归于输入电流的有效长度。

天线接收的功率可分为三部分，即

$$P=P_{\Sigma}+P_{\mathrm{L}}+P_{\mathrm{l}} \tag{4-30}$$

式中，P_{Σ} 为接收天线的再辐射功率，P_{L} 为负载吸收的功率，P_{l} 为导线和媒质的损耗功率。接收天线的等效电路如图 4-5 所示。图中 Z_0 为包括辐射阻抗和损耗电阻的接收天线输入阻抗，Z_L是负载阻抗。在接收状态下，天线输入阻抗相当于接收电动势ε的内阻抗。

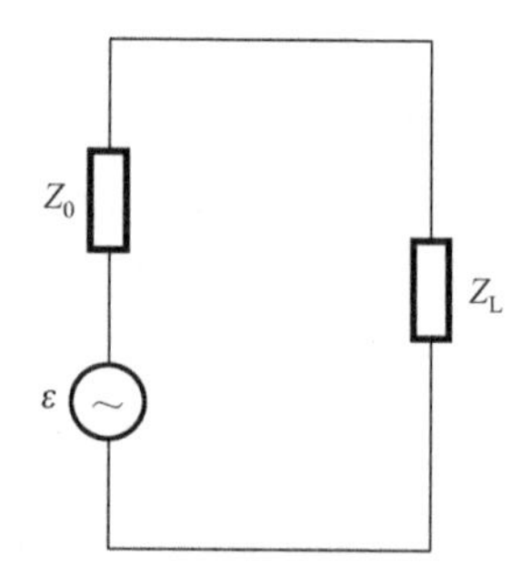

图 4-5　接收天线等效电路图

2. 有效接收面积

有效接收面积是衡量一个天线接收无线电波能力的重要指标。它的定义为：当天线以最大接收方向对准来波方向进行接收时，接收天线传送到匹配负载的平均功率为p_{Lmax}，并假定此功率是由一块与来波方向相垂直的面积所截获的，则这个面积就称为接收天线的有效接收面积，记为A_e

$$A_e = \frac{p_{Lmax}}{s_{av}} \tag{4-31}$$

经过推导，当已知天线的方向系数时

$$A_e = \frac{D\lambda^2}{4\pi} \tag{4-32}$$

当已知天线的增益系数时

$$A_e = \frac{G\lambda^2}{4\pi} \tag{4-33}$$

3. 等效噪声温度

接收天线把从周围空间接收到的噪声功率送到接收机的过程类似于噪声电阻把噪声功率输送给与其相连的电阻网络，因此接收天线等效为一个温度为T_a的电阻，天线向与其匹配的接收机输送的噪声功率p_n就等于该电阻所输送的最大噪声功率，即

$$T_a = \frac{p_n}{K_b \Delta f} \tag{4-34}$$

式中，Δf为与天线相连的接收机的带宽。

噪声源分布在天线周围的空间，天线的等效噪声温度为

$$T_{\mathrm{a}}=\frac{D}{2\pi}\int_{0}^{2\pi}\int_{0}^{\pi}T(\theta,\phi)\left|F(\theta,\phi)\right|^{2}\sin\theta\mathrm{d}\theta\mathrm{d}\phi \tag{4-35}$$

式中，$T(\theta,\phi)$、$F(\theta,\phi)$分别为噪声源的空间分布函数和天线的归一化方向函数。

显然，T_{a}越高，天线送至接收机的噪声功率越大，反之越小。T_{a}取决于天线周围空间的噪声源的强度和分布，也与天线的方向性有关。

4. 接收天线的方向性

收、发天线互易，对发射天线的分析同样适合于接收天线。要保证正常接收，必须使信号功率与噪声功率的比值达到一定的数值。为此，对接收天线的方向性有以下要求。

（1）主瓣宽度尽可能窄，以抑制干扰。但如果信号与干扰来自同一方向，即使主瓣很窄，也不能抑制干扰；另一方面，当来波方向易于变化时，主瓣太窄则难以保证稳定的接收。

（2）旁瓣电平尽可能低。如果干扰方向恰与旁瓣最大方向相同，则接收噪声功率就会较高，也就是干扰较大；对雷达天线而言，如果旁瓣较大，则由主瓣所看到的目标与旁瓣所看到的目标会在显示器上相混淆，造成目标的失落。因此，在任何情况下，都希望旁瓣电平尽可能低。

（3）天线方向图中最好能有一个或多个可控制的零点，以便将零点对准干扰方向，而且当干扰方向变化时，零点方向也随之改变，这也称为零点自动形成技术。

4.2　天 线 规 划

天线规划包含天线安装和天线设计这两部分。天线安装包含传输线安装、天线下倾角、天线高度和方向图等内容，天线设计主要讲述天线的基本设计方法及各种基本场景中天线的选择方法。

4.2.1　天线的基本设计方法

天线设计的主要步骤如图 4-6 所示，首先需要明确系统的要求。系统的要求包括收发频率和带宽、基站的话务量需求及实际能够支持的信道容量、基站服务区的面积和形状、基站天线的 D/U（Desired-to-Undesired signal strength）要求和成本要求。明确了系统的要求和设计目标后，可以采用链路预算、硬件分析和成本估计等得出系统

需求的天线性能指标。然后结合需求的性能指标选择出适当的天线。最后可以结合规划工具或测试数据等进一步优化配置天线。

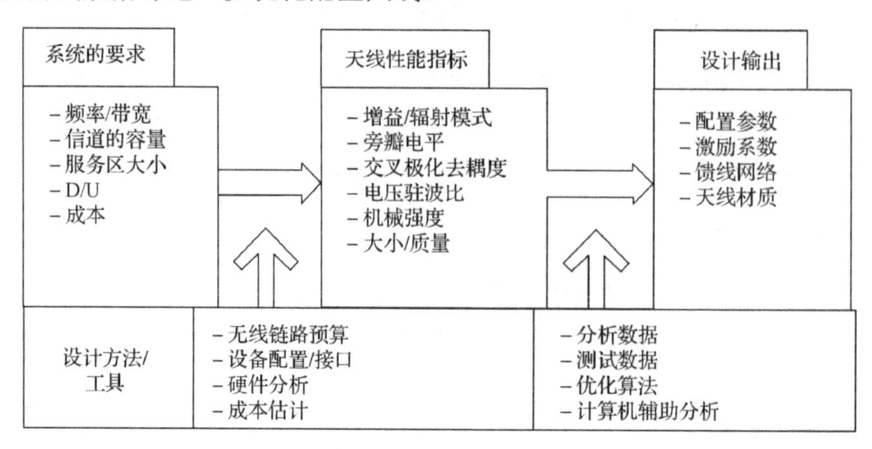

图 4-6　天线设计流程

在天线设计中有以下几个方面值得注意。

1．垂直面方向图和水平面方向图

天线的选取首先应该根据基站服务区的形状大小及话务量和吞吐量的大小决定选用全向天线还是定向天线。如果出于容量的考虑，基站扇区化会大大提高基站的容量。在现有的系统中，除了单扇区的基站外，还有三扇区、六扇区的基站。其中，以三扇区最为普及。对于特殊形状的服务区，如高速公路，则常采用两个 180°的定向天线背靠背放置，来覆盖狭长的服务区。

当基站的服务区大小和形状确定后，基站天线在水平面的辐射应当使得服务区实现完全的覆盖。移动台天线在水平面上应为全向辐射模式，在垂直平面上有较低的仰角，以便于移动台天线在任何位置都能实现和基站天线之间的可靠收发。

2．天线增益

天线的增益应当尽可能高。提高天线增益可以通过压缩天线垂直平面波束宽度来实现。通常基站天线的增益为 7～15dB。移动台天线的增益应当尽可能高，以便发射机的功率能够降低，从而节省电量，延长待机时间，也便于减轻电池的大小和质量。

3．天线的频带宽度

根据工作性质的不同，天线可以分为发射天线和收发共用天线。这两种天线对于频带宽度有不同的要求。收发共用天线需要更大的频带宽度，相应的制造成本通常也高于单独的发送天线。在实际选择时，最好选择既可用于发送又可用于接收的天线，即可以工作于收发两个频段上。这样当发射天线出现故障时，可以将接收天线配置为发射天线工作。移动台天线要求尺寸小、质量小、尽量比较隐蔽，以便于用户的使用；还要求收发的频带范围宽，以便于在多个频率上同时收发信号。

4. 天线的阻抗

当天线与其连接的馈线达到阻抗匹配时，传输信号能量的效率最高，所以应当选择天线的阻抗和馈线的阻抗相同。

5. 电压驻波比符合设计要求

6. 互调

互调是由于天线辐射单元和馈线之间连接器部件的非线性效应引起多个传输信道之间的相互调制。当天线同时工作于两个或者多个频率时，例如，当天线同时用作收发天线时，就必须考虑互调的问题。天线同时收发时，应当使其互调功率小于指定的值。

7. 天线尺寸、材质

天线的尺寸选择应考虑以下几个问题。一是满足天线辐射的要求，二是尽量减少视觉效果的不利影响，并且不对建筑物的抗风能力带来不利的影响。天线的材质应根据不同的地域环境来选择，如抗风雪性能、抗腐蚀性能等。

8. 天线安装

选择天线时，应当注重天线安装是否方便。复杂的安装可能会使成本大大地提高。

4.2.2　天线调整及其影响

设计选择好天线后，对于天线的优化配置是通过调整天线的高度、下倾角和水平方位角等参数进行的。合理的调整天线的参数对于提高信号质量、保证良好的覆盖、减少干扰等都有很大的作用。

1. 天线高度调整

根据城市环境下的 Hata 传播模型，天线高度越高，传播路径损耗越小，因此，在相同的条件下，增加天线高度，将增大天线的覆盖面积，同时，增加相同半径处的接收信号强度。

根据这一原则，对于业务量较小、覆盖受限的区域，适当增加天线高度，将扩大基站的覆盖范围，节省网络的建设成本。而对于密集城区，为了满足高密度的业务量，基站的半径通常都比较小，如1.5km，而且通常采用扇区化的基站，如果天线高度过高，则会将信号辐射到相邻小区内，造成干扰。所以基站天线的高度需要根据服务区的具体情况进行合理的设计和计算。

2．天线下倾角调整

天线的下倾角是指天线垂直面最大增益处与水平方向的夹角，习惯以向下为正，向上为负。天线的下倾角和基站（扇区）的覆盖距离是有很大关系的，在一定范围内，天线的下倾角越小，基站（扇区）覆盖得越远；天线的下倾角越大，基站（扇区）覆盖得越近。因此小区天线可以采用调节天线下倾角等措施，将信号辐射到小区内指定的位置，减小同频干扰和旁瓣干扰。

3．天线水平方位角调整

天线的水平方位角是指天线水平方向最大增益处与基准方向间的夹角。在设置天线的水平方位角时，需要注意基站与基站之间覆盖相互补充，扇区与扇区之间的配合。使整个系统尽量不要出现覆盖的漏洞，也不要出现大量的重复覆盖。

在网络优化的过程中，可通过实地路测，定位天线方位角，再进行下倾角和水平方位角调整。

4.2.3 具体场景中天线选择

1．市区基站天线选择

应用环境特点：基站分布较密，单基站覆盖范围小，应尽量减少越区覆盖的现象，减少基站之间的干扰，提高频率复用率。

（1）极化方式：由于市区基站站址选择困难，天线安装空间受限，选用双极化天线。

（2）方向图的选择：在市区主要考虑提高频率复用度，因此一般选用定向天线。

（3）半功率波束宽度的选择：为了能更好地控制小区的覆盖范围来抑制干扰，市区天线水平半功率波束宽度选60°～65°。在天线增益及水平半功率角度选定后，垂直半功率角也就定了。

（4）天线增益的选择：由于市区基站一般不要求大范围的覆盖距离，因此建议选用中等增益的天线。同时天线的体积和质量可以变小，有利于安装和降低成本。根据目前天线型号，建议市区天线增益视基站疏密程度及城区建筑物结构等选用 15～18dBi 增益的天线。市区内用作补盲的微蜂窝天线增益可选择更低的天线，如 10～12dBi 的天线。

（5）预置下倾角及零点填充的选择：市区天线一般都要设置一定的下倾角，因此为增大以后的下倾角调整范围，可以选择具有固定电下倾角的天线（建议选 3°～6°）。由于市区基站覆盖距离较小，零点填充特性可以不做要求。

（6）下倾方式选择：由于市区的天线倾角调整相对频繁，且有的天线需要设置较大的倾角，而机械下倾不利于干扰控制，所以在可能的情况下建议选用预置下倾天线。条件成熟时可以选择电调天线。

（7）下倾角调整范围选择：由于在市区出于干扰控制的原因，需要将天线的下倾角调得较大，一般来说电调天线在下倾角的调整范围方面是不会有问题的。但是在选择机械下倾的天线时，选择下倾角调整范围更大的天线，最大下倾角要求不小于 14°。

（8）在城市内，为了提高频率复用率，减小越区干扰，有时需要设置很大的下倾角，而当下倾角的设置超过了垂直面半功率波束宽度的一半时，需要考虑上副瓣的影响。所以建议在城区选择第一上副瓣抑制的赋形技术天线，但是这种天线通常无固定电下倾角。

推荐：半功率波束宽度 65°/中等增益/带固定电下倾角或可调电下倾＋机械下倾的双极化天线。

2．农村基站天线选择

应用环境特点：基站分布稀疏，话务量较小，覆盖要求广。有的地方周围只有一个基站，覆盖成为最为关注的对象，这时应结合基站周围需覆盖的区域来考虑天线的选型。一般情况下是希望在需要覆盖的地方能通过天线选型来得到更好的覆盖。

（1）极化方式选择：从发射信号的角度，在较为空旷地方采用垂直极化天线比采用其他极化天线效果更好。从接收的角度，在空旷的地方由于信号的反射较少，信号的极化方向改变不大，采用双极化天线进行极化分集接收时，分集增益不如空间分集，所以建议在农村建议选用垂直单极化天线。

（2）方向图选择：如果要求基站覆盖周围的区域，且没有明显的方向性，基站周围话务分布比较分散，此时采用全向基站覆盖。

（3）天线增益的选择：视覆盖要求选择天线增益，建议在农村地区选择较高增益（16～18dBi）的定向天线或 9～11dBi 的全向天线。

（4）预置下倾角及零点填充的选择：由于预置下倾角会影响到基站的覆盖能力，所以在农村这种以覆盖为主的地方建议选用不带预置下倾角的天线。但天线挂高在50m以上且近端有覆盖要求时，可以优先选用零点填充（大于15%）的天线来避免塔下黑问题。

（5）下倾方式的选择：在农村地区对天线的下倾调整不多，其下倾角的调整范围及特性要求不高，建议选用价格较便宜的机械下倾天线。

对于定向站型推荐选择：半功率波束宽度90°、105°/中、高增益/单极化空间分集，或90°双极化天线，主要采用机械下倾角/零点填充大于15%。

对于全向站型推荐：零点填充的天线，若覆盖距离不要求很远，可以采用电下倾（3°或5°）。天线相对主要覆盖区挂高不大于50m时，可以使用普通天线。

另外，对全向站还可以考虑双发天线配置以减小塔体对覆盖的影响。必须通过功分器把发射信号分配到两个天线上。

3．郊区基站天线选择

应用环境特点：郊区的应用环境介于城区环境与农村环境之间，有的地方可能更接近城区，基站数量不少，频率复用较为紧密，这时覆盖与干扰控制在天线选型时都要考虑。而有的地方可能更接近农村地方，覆盖成为重要因素。因此在天线选型方面可以视实际情况参考城区及农村的天线选型原则。

在郊区，情况差别比较大。可以根据需要的覆盖面积来估计大概需要的天线类型。一般可遵循以下几个基本原则。

（1）根据情况选择水平面半功率波束宽度为65°的天线或选择半功率波束宽度为90°的天线。当周围的基站比较少时，应该优先采用水平面半功率波束宽度为90°的天线。若周围基站分布很密，则其天线选择原则参考城区基站的天线选择。若周围基站较少，且将来扩容潜力不大，则可参考农村的天线选择原则。

（2）一般不建议采用全向站型。

（3）是否采用预置下倾角应根据具体情况来定。即使采用下倾角，一般下倾角也比较小。

推荐选择：半功率波束宽度90°/中、高增益的天线，可以用电调下倾角，也可以用机械下倾角。具体在选择时可以参考市区与农村的天线选择列表。

4．室内覆盖基站天线选择

应用环境特点：现代建筑多以钢筋混凝土为骨架，再加上全封闭式的外装修，对无线电信号的屏蔽和衰减特别厉害。在一些高层建筑物的低层，基站信号通常较弱，存在部分盲区；在建筑物的高层，则信号杂乱，干扰严重，通话质量差。

根据分布式系统的设计，考察天线的可安装性来决定采用哪种类型的天线，室内分布式系统常用到的天线单元如下。

（1）室内吸顶天线单元。

（2）室内壁挂天线单元。

（3）小茶杯状吸顶单元：超小尺寸，适用于小电梯内部、小包间内嵌入式的吸顶小灯泡内部等多种安装受限的应用场合。

（4）板斧状天线单元：有不同的大小尺寸，可用于电梯行道内、隧道、地铁、走廊等不同场合的应用。

这些天线的尺寸很小，便于安装与美观，增益一般也很低，可依据覆盖要求选择全向及定向天线。如推荐室内使用的全向天线：2dBi/垂直极化/全向天线。定向天线：7dBi/垂直极化/90°的定向天线。

4.2.4　极化方式对比

1. 垂直单极化天线与双极化天线的比较

从发射的角度来看，由于垂直于地面的手机更容易与垂直极化信号匹配，因此垂直单极化天线会比其他非垂直极化天线的覆盖效果要好一些。特别是在开阔的山区和平原农村就更明显。实验证明，在开阔地区的山区或平原农村，这种天线的覆盖效果比双极化（±45°）天线更好。但在市区，由于建筑物林立，建筑物内外的金属体很容易使极化发生旋转，因此无论是单极化还是±45°双极化天线，在覆盖能力上没有多大区别。

2. 45°/−45°双极化天线与 0°/90°双极化天线的比较

45°/−45°方式下的所有天线子系统都可用作发射信号，而 0°/90°双极化天线一般只采用垂直极化振子发射信号。经验表明若用水平极化天线发射信号要比垂直极化天线发射信号低得多。在理想的自由空间中（假定手机接收天线是垂直极化），采用垂直极化振子进行发射时要比采用 45°/−45°发射时的覆盖能力要强 3dB 左右。但在实际应用环境中，考虑到多径传播的存在，在接收点，各种多径信号经统计平均，上述差别基本消失，各种实验也证明了此结论的正确。

双极化天线是一种新型天线技术，组合了+45°和−45°两副极化方向相互正交的天线并同时工作在收发双工模式下，因此其最突出的优点是节省单个定向基站的天线数量；一般 GSM 数字移动通信网的定向基站（三扇区）要使用 9 根天线，每个扇形使用 3 根天线（空间分集，一发两收），如果使用双极化天线，每个扇形只需要 1 根天线；同时由于在双极化天线中，±45° 的极化正交性可以保证+45° 和–45° 两副天线之间的隔离度满足互调对天线间隔离度的要求（≥30dB），因此双极化天线之间的空间间隔仅需 20～30cm；另外，双极化天线具有电调天线的优点，在移动通信网中使用双极化天线同电调天线一样，可以降低呼损，减小干扰，提高全网的服务质量。如果使用双极化天线，由于双极化天线对架设安装要求不高，不需要征地建塔，只需要架一根直径 20cm 的铁柱，将双极化天线按相应覆盖方向固定在铁柱上即可，从而节省基建投资，同时使基站布局更加合理，基站站址的选定更加容易。

习　　题

1．综述天线辐射理论和电参数。
2．天线的有效接收面积和等效噪声温度与哪些因素有关？如何调整？
3．天线设计中要考虑哪些因素？
4．天线有哪些可调量？如何调整？
5．说明市区基站天线如何选择。

第 5 章　蜂窝小区初始规划

本章导读

图 5-1 所示为蜂窝小区规划流程，初始规划是整个规划的基础，其基本方法是根据电波传播特性及业务负载统计特性，做出定性分析，进行基站站址选择、热点区域规划、无线网络控制器规划等，实现良好覆盖。本章首先介绍不同区域蜂窝小区覆盖规划的基本方法，然后分别介绍基站规划、配套设施规划及无线网络控制器规划等内容，在后续章节中，将分别介绍容量规划、小区覆盖规划和链路预算及频率规划等内容。与前几章不同的是，本章没有习题，而是提供了一个研讨题，目的是希望能够通过面向实际问题的工程设计，使大家对蜂窝网络的规划有一个全面的、直观的深刻认识。

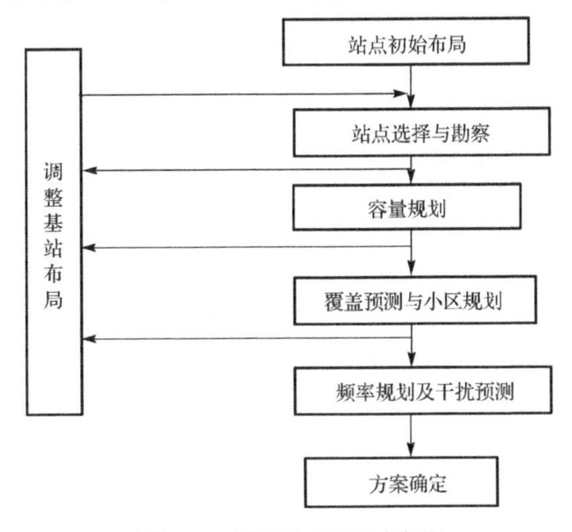

图 5-1　蜂窝小区规划流程

5.1　不同区域的蜂窝小区基本覆盖规划

不同区域的地形、地貌特点、话务密度有很大区别，因此，应采用不同的覆盖方式。本节分别对市区和郊区、农村给出低成本覆盖方案。为了降低建网成本，出现了很多新型覆盖方式，这里给出以下 3 种新型方案。

射频拉远单元 RRU 是一种新型的分布式网络覆盖模式，它将大容量宏蜂窝基站集中放置在可获得的中心机房中，基带部分集中处理，采用光纤将基站中的射频模块拉到远端射频单元，分置于网络规划所确定的站点上，从而节省了常规解决方案所需要的大量机房；同时通过采用大容量宏基站支持大量的光纤拉远，可实现容量与覆盖之间的转化。

直放站也是一种以拉远方式完成无线覆盖的基站组网方式，但与射频拉远方式有本质区别。射频拉远是将基带信号转成光信号传送，在远端放大。直放站只是将无线信号转成光信号传送。直放站会将噪声同时放大，而射频拉远则不会。

直放站一般分为光纤直放站、无线直放站、移频直放站。光纤直放站一般采用基站直接耦合方式，经光纤中继设备将信号传输到远端覆盖区。输出信号频率与输入信号频率相同，透明信道，不存在直放站收发隔离问题，覆盖区天线可根据地形情况选择全向或定向天线。光纤中继距离可达 20km，并且一个光中继设备可同时与多个覆盖端机连接。无线直放站，即通过采用施主定向天线从基站引入信号的方式，所以直放站的站址处必须能接收到良好的基站信号。其输出信号的频率与输入信号的频率相同，因此又称为同频无线直放站。移频直放站采用移频转发技术，具有无线转发，双向放大基站上、下行链路信号，有效扩展和填补移动通信覆盖盲区的功能，只需较小的收发天线隔离度，就可以输出足够的系统增益和输出功率，比较好地解决这些地域网络的覆盖。

寻呼区划分技术，该技术在建网初期，通过对话务量或负载的粗略估计，在不同的区域采用不同的策略对基站分组，减小呼损率，比如，在一类区和二类区一般用 5～6个基站控制器分为一个寻呼区组，而在人流最为密集的繁华区域就适当缩小范围，只用 2.5～3 个基站控制器就分为一个寻呼区组；对于三类区可以适当扩大，用 6～8 个基站控制器分组；对于郊县甚至可以将整个城区作为一个寻呼区。

1. 市区

（1）室外覆盖

城市市区因话务较为集中，室外覆盖一般以三扇区室类型基站设备为主。

对室外局部高话务密集区和小面积覆盖阴影区，例如，无法用宏蜂窝基站解决覆盖的商业街局部、居民小区等区域，设置射频拉远或室外微蜂窝基站。对覆盖距离较远而且馈线较长的小区，可以引入塔放，增加上行链路覆盖范围。

（2）室内覆盖

针对无法靠室外基站解决的室内覆盖问题，根据重要程度和商业价值建设室内分布系统。

2. 小型县城、乡镇、郊区和农村

小型县城、乡镇、郊区和农村话务密度低于市区，且依次逐渐减小，建筑物的遮挡也依次减少，因此，覆盖措施有很大不同。

一般来说，在小型县城、乡镇、郊区和农村，地域较开阔，建筑物遮挡较少，一般选择全向天线，在话务密集区，可将功率分配到多个定向扇区。由于小基站设备具有全天候环境适应、设备小巧、功率低、交流供电、安装简便等特点，可以用于此类地区的室内覆盖、室外话务热点地区。

在一些特殊区域，如对有话务需求但分布较分散的小面积区域，采用射频拉远基站解决覆盖问题；对馈线较长的小区，可以引入塔放，增加上行链路覆盖范围；对需要覆盖但话务需求极少的地区，如道路的某些路段、隧道等，可以采用光纤直放站或者射频直放站，对较长的路段，还可以采用直放站级联。

在初期工程中，可以采用功分器等手段，将全向基站分裂为多扇区天线发射和接收，达到扇区化基站覆盖的效果，同时节省设备投资。在后续工程中，则可以根据话务负荷的实际情况，将基站升级为扇区化设备。

在基站建设中可以通过合理的站址选择、机房建设、传输、电源、铁塔等措施，尽量减少配套投入，从而降低建网成本：比如，尽量选择楼面高度接近基站天线挂高的楼房做站址，考虑使用室外型基站，从而减小馈线长度、节省机房购置或租赁费用及对电源配套的需求；采用合理、易于过渡的传输方式，配置安全、适度的电池容量配置，使整个传输网络的结构和能力具有一定的超前能力；对重要的和有需求的基站设置环境监控系统，以提高维护效率和保证设备的正常运转；在满足覆盖要求的前提下，尽量采用综合造价低的增高设施，如增高架、简易铁塔、拉线塔等，都是切实可行的措施。

5.2　基站规划

5.2.1　基站选址

基站一般分为宏蜂窝基站和微蜂窝基站两类。宏蜂窝基站具有发射功率高、覆盖范围广的优点；但是它对建站环境要求高，要求具备传输、电源、土建等方面的建站条件，建站周期相对较长。微蜂窝基站相比于宏蜂窝基站安装便利，投资较小，但输出功率略小。微蜂窝设备一般只有 3 架，包括 1 架主设备、1 架传输设备，1 个扩容预留位；天线高度一般采用 1.5m 抱杆，高度一般不超过 3m。

基站站址选择主要从有利于无线电波传播特性的角度出发，包括站点具体位置、机房位置、铁塔定点、天线高度、天线方位角及供电情况、传输路由等内容。不同的基站类型有不同的选址原则。宏蜂窝基站设置时应注意遵循以下原则。

1. 站高的确定

基站站高一般应高于建筑屋顶，在一般城区，根据目前的建筑物密度和平均高度，天线高度选择 35m 左右比较合适。在农村地区，由于人口相对较少，建筑物也不是很密集，同时基站站距也较大，因此要求天线高度较高，选择 50m 左右比较合适。对个别地区，如果要求的覆盖范围很大，如沿海海域，则站高应尽可能高，以扩大覆盖范围。

市区基站中，对于小蜂窝区（$R = 1$～3km），基站宜选高于建筑物平均高度但低于最高建筑物的楼房作为站址，对于微蜂窝区基站，则选低于建筑物平均高度的楼房设站且四周建筑物屏蔽较好。

2. 站距的确定

一般城区，在 35m 左右的站高条件下，700m 左右的站距比较合适，这个站距，一方面基站设备容量能满足所吸收的话务方面的需求，另一方面，也能满足室内深度覆盖的要求。在其他区域，应该根据容量需求和站高条件，来确定基站的站距。增加站高，应适当增加站距；减少站高，应适当减少站距。宏蜂窝基站之间的距离不能太小，最小站间距控制在 400m 为宜。基站之间的距离最好为 400m 的倍数，以便在话务量增加时进行小区分裂。

3. 抗干扰

（1）在选择站址过程中应充分注意机房周围是否有建筑物遮挡、反射等因素。在边远地区，高层建筑的遮挡会给基站覆盖带来影响；在城区，距基站 300～500m 的高层建筑是防止频率干扰的有利屏障，城区基站 100m 范围内不得有高大建筑物，郊区基站 200m 范围内不得有高大建筑物。

（2）基站选址应远离高压电线，城区距高压电线路等危险物的距离不得小于 30m，郊区距高压电线路等危险物的距离不得小于 50m。

（3）避免在高山上设站。

（4）避免在树林中设站。如要设站，应保持天线高于树顶。

（5）避免在 UHF TV 台设站。

（6）避免在雷达站附近设站。

（7）市区基站应避免天线方向与大街方向一致而造成对前方同频基站的严重干扰，也要避免天线前方近处有高大楼房而造成障碍或反射后干扰其后方的同频基站。

（8）避免选择今后可能有新建筑物影响覆盖区或同频干扰的站址。

（9）不同制式（如 2G 和 3G）基站要注意水平和垂直隔离。

4．地形因素

（1）主要为覆盖高速公路的基站，一般情况下距离高速公路的水平距离宜在 100m 左右，以便在高速公路上提供更好的信号。

（2）对于山区和丘陵地区，还应根据地形将基站选在制高点。

5．便利性

（1）交通方便、市电可靠、环境安全及占地面积小。

（2）重要用户和用户密度大的市区有良好的覆盖。

（3）尽量选择现有电信枢纽楼、邮电局或微波站作为站址，并利用其机房、电源及铁塔等设施。

6．安装 GPS 的基站选址

安装 GPS 的基站被作为空中帧同步相位调整的参考源。为保证可靠的全网同步，通常每 40～50 个相邻基站就需要安装一部 GPS，而且安装 GPS 的基站相距通常不大于 3km，一般选择安装高度在 8～10 层并且视野非常开阔的基站位置安装 GPS。对于安装了 GPS 的基站需要特别说明，并在基站站址分布图上用彩笔标注。

5.2.2　室外型小基站选址

小基站主要用作大基站信号盲区的覆盖及高话务量地区话务量的分担，与大基站配合使用，优势互补。小基站放置站址的选择过程如图 5-2 所示。

室外型小基站安装地址的选择注意以下几点。

（1）由于小基站的覆盖范围相对较小，因此主要考虑移动速率慢的地方，如步行街、居民小区、商业广场等，以减少切换次数，尽量避免安装在车行道旁。

（2）小基站的同步方式和大基站相同，均采用 GPS 同步方式，但小基站没有 GPS 接口，因此，为了保证同步性能，小基站在选点时应该尽量选在大基站的覆盖范围内，并且大基站的同步级别应该尽量高一些，以达到较好的同步效果，当然小基站之间也能相互同步，其同步级别逐级递减。

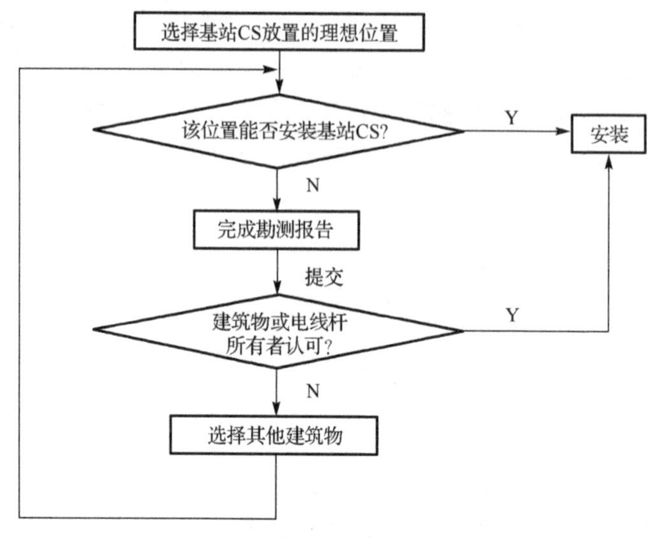

图 5-2 小基站放置站址的选择过程

（3）小基站之间应该保证有一定程度的覆盖重叠，为了保证通话质量，在每个点上尽量保证可以收到至少两个基站的信号，并且至少有一个基站的信号在 35dBμV 以上。

（4）为避免基站之间相互干扰，基站之间应保持一定距离。如果基站天线位于同一水平面，且相互目视可见，则小基站间距离应大于 2m。如果一个地方需放置两个或以上小基站，建议小基站分层放置，即小基站处于同一个垂直面内。

（5）天线应垂直于地面，倾斜应小于 3°。当然，如果基站安装位置较高（如 5～8 层楼高），可考虑将基站天线朝主要照顾区域倾斜 5°～10°（其他区域的覆盖不重要的情况下），以利于该热点区域的覆盖。

（6）基站不能安装在其他天线辐射方向的±45°之内。当基站安装在其他无线电设备辐射方向上时，或者即使基站物理位置上在其他无线电设备的方向之外，但是由于反射，基站可能对其他无线电设备造成影响。

（7）基站应尽量远离其他天线，在其安装位置 3m 以内，不能有其他无线电设备（比如 TV 天线）。尽量保证基站和其他无线设备之间保持足够远的距离，以免互相干扰。

（8）室外型小基站的安装位置应远离高压电线等强信号干扰区域。

（9）室外型基站还应考虑防雷问题。如其安装位置高且突出，应保证其在避雷针的有效范围之内（45°）。

（10）从小基站天线处看，其视野尽量保证开阔。小基站 2m 以内不能有障碍物。

（11）室外型小基站的安装可有 3 种方式：固定在房子上，安装在电线杆上或者悬挂在水平铁丝上。

（12）特别注意不要安装在有枝叶的树干上，一则防雷击，二则避免树枝及树叶对信号的散射，影响小基站的覆盖效果。

5.2.3　室内型小基站选址

对于话务量特别密集的大楼，可采用室内小型基站补盲或提高话务量。其选址要求如下。

（1）建议安装在办公楼长过道中央，收发天线连线垂直于过道方向，天线离墙壁的距离大于 1m。商场等方形区域建议挂在房间中央，以对整个楼层有较好的覆盖作用。如果楼房不超过 50m，中间一个基站就基本可覆盖三个楼层（不考虑话务量）。不同楼层基站位置最好错开，即不要在一条垂线上。如果一定要贴墙安装，建议基站离开墙壁 10cm 以上。

（2）在选择安装位置时，应保证至少有一个小基站可以接收到大基站的信号，然后其他小基站可以同步到该小基站上。

（3）和室外型基站的网络规划一样，大基站信号不宜过高，同时在任何一个点上，应可以收到至少两个基站的信号，并且至少有一个基站的信号幅度大于 35dBμV，另外，不要求大基站对整个商场都实现覆盖，因为小基站之间也可互相同步。

（4）除墙壁外，基站周围 2m 内不能有障碍物，尽量保证其周围视野开阔。

（5）为避免基站之间相互干扰，基站之间应保持一定距离。如果基站天线位于同一水平面，且相互目视可见，则小基站间距离应大于 2m。如果一个地方需放置两个或以上小基站，建议小基站分层放置，即小基站处于同一个垂直面内。

（6）基站应尽量远离其他天线，在其安装位置 3m 以内，不能有其他无线电设备（比如 TV 天线）。尽量保证基站和其他无线设备之间保持足够远的距离，以免互相干扰。

（7）基站不能安装在其他天线辐射方向的±45°之内。当基站安装在其他无线电设备辐射方向上时，或者即使基站物理位置上在其他无线电设备的方向之外，但是由于反射，基站可能对其他无线电设备造成影响。

5.3 基站配套设施规划

5.3.1 基站机房规划

基站机房的面积视设备需求而定，安装一整套设备（含一套基站设备、传输设备、电源设备、电池组等）一般至少要 15m^2，为了方便后续工程的扩容，还应预留相应数量的扩展设备机架摆放位置。

机房环境要求包括以下内容。

（1）选房：尽量租用房屋，实在没有房屋的，考虑采用活动机房，原则上不选用私人住房，基站房应具备屋顶使用权。

（2）地面：水泥地面（或经过装修的水泥地面），最好具备防水功能。

（3）楼层：楼高适合的及房屋适合建铁塔的最好为顶楼，屋顶不得有漏水现象；需建落地塔的最好为底楼，基站房距铁塔不得高于 5m。

（4）高度：城区为 35m 左右，郊区为 45m 左右，市区城乡结合部的高度为 35～45m，不具备高度要求的地方应具备修建铁塔条件或建简易支架。

（5）排水：活动机房要特别注意排水问题，以免积水进入机房内。

（6）基站天面：应选择高度尽量靠近理想天线挂高的楼顶平台作为基站天面，尽量不要选择高度明显高于所需挂高的楼顶平台。如果机房所处楼房的顶层高度不够在天面上安装增高架（高度一般为 6～12m），这种情况一般需要 5m×5m 左右的天面，或者，在天面上安装简易拉线塔（高度一般为10～20m），这种塔的塔身占地面积不大，一般在 0.5m^2 之内，然后从杆的上部多点拉线至楼面并固定，拉线在楼面上的固定点需要和塔身有相当的距离才能保证塔的稳定，也就是说采用这种塔需要一定的楼面面积。

5.3.2 铁塔工艺要求

如需要建设铁塔，建议铁塔应设置安装基站天线的平台，定向基站天线数量一般为 6 副或 3 副，全向基站数量为 2 副。天线在平台上应能灵活地调整方向，铁塔应设馈线爬梯，每个基站有 6 根或 2 根 7/8″同轴馈线，馈线爬梯应为其预留安装位置。

对楼顶天线增高架的工艺要求包括以下内容。

1）天线增高架一般设在机房楼顶，铁塔制作一般有专门的工艺要求，比如，不同风速下的变形限制、载荷要求等，来制作。

2）天线在增高架上应能灵活地调整方向，增高架应设馈线爬梯，每个扇区有 2 根 7/8″同轴馈线，馈线爬梯应为其预留安装位置。

3）如增高架上安装微波天线，则应考虑微波天线的负荷。

4）基站的防雷接地须根据“YD5068—98《移动通信基站防雷与接地设计规范》”的相关要求实施。

（1）基站的接地应采用联合接地方式，将工作接地、保护接地、防雷接地接在一起。基站接地系统的电阻值应小于 5Ω。

（2）与其他通信系统的基站公用同一建筑物时，其接地应采用与其他通信系统公用同一组接地体的联合接地方式。

（3）天馈线系统防雷与接地：天线应在接闪器的保护范围内，接闪器应设置专用雷电流引入线，材料采用 40×4 的镀锌扁钢。基站同轴电缆天馈线的金属外护层，应在上部、下部和经走线架进机房入口处就近接地，在机房入口处的接地应就近与地网引出的接地线妥善连通，当铁塔高度大于或等于 60m 时，同轴电缆天馈线的金属外护层还应在铁塔中部增加一处接地。同轴电缆进入机房后，与通信设备连接处应安装馈线避雷器，以防来自天馈线引入的感应雷。馈线避雷器接地端子应接至室外馈线入口处的接地排上，选择馈线避雷器时应考虑阻抗、衰耗、工作频段等指标与通信设备相适应。

（4）进入基站的低压电力电缆宜从地下引入机房，其长度不应小于 50m（当变压器高压侧已采用电力电缆时，低压侧电力电缆长度不限）。电力电缆在进入机房交流屏处应加装避雷器，从屏内引出的零线不作重复接地。

基站供电设备的正常不带电的金属部分，避雷器的接地端，均应作保护接地，严禁作接零保护。基站直流工作地，应从室内接地汇集线上就近引接，接地线截面积应满足最大负荷的要求，一般为 35mm×95mm，材料为多股铜线。

基站电源应符合相关标准、规范中关于耐雷电冲击指标的规定，交流屏、整流器（或高频开关电源）应设有分级防护装置。

（5）电源避雷器和天馈线避雷器的耐雷电冲击指标等参数应符合相关标准、规范的规定。

（6）信号线路的防雷与接地：信号电缆应穿钢管或选用具有金属外护套的电缆，由地下进出基站，其金属外护套或钢管在入站处应作保护接地，电缆内芯线在进站处应加装相应的信号避雷器，避雷器和电缆内的空线对均应作保护接地。站内严禁布放架空缆线。

（7）通信设备的保护接地：机房内的走线架应每隔 5m 作一次接地。走线架、吊挂铁件、机架（或机壳）、金属门窗及其他金属管线，均应作保护接地。

（8）其他设施防雷与接地：基站和铁塔应有完善的防直击雷及抑制二次感应雷的防雷装置（避雷网、避雷带和接闪器等）。

5.4 无线网络控制器 RNC 规划

1．RNC 的设置原则

（1）可持续发展性、易维护性。

（2）容量：根据无线网络容量、基站数量、扇区载频数、传输电路数量和 RNC 的能力等因素合理确定 RNC 的设置数量。

（3）距离：由于基站和基站控制器间的 U 口线路传输数字信号，对于线路环阻和线路损耗随距离的变化比较敏感，通常在使用 0.4mm 线径的线缆作为 U 口线路时，对于室外大功率基站，限制最大外线长度在 3km 左右，对于普通小功率基站，限制最大外线长度在 2.2km 左右。

2．初步规划

（1）机房资源：可用的模块局机房、端局机房、接入网点等，以及这些机房内的资源状况，包括电源容量、传输设备容量，外线覆盖区域及可用空间等。

（2）按照基站控制器和基站控制器机柜对于机房资源的具体要求，初步确定可放置基站控制器的机房。

（3）基站与基站控制器机房的归属：按照基站选址位置的外线状初步确定关系。如果某基站可以连接到多个基站控制器机房，则选择连接线路最短的机房。

3．具体配置

（1）确定基站与机房的归属关系：基站与基站控制器机房的实际连接长度超出限制，则必须调整归属关系，直到实际连接长度满足要求，如果仍不能寻找到合适机房，则可以考虑“并线”连接，将每个 U 口的一对双绞线连接改为两对双绞线连接，一般可以满足 U 口线路指标。

（2）确定机房内基站控制器数量：对于一个基站控制器，满配置 5 块基站接口板，可以最多连接 10 个 1C7T 大功率基站或 20 个 1C4T 大功率基站。但是当连接 8 个 1C7T

基站就可能占用 56 个话路时隙，当连接 16 个 1C4T 基站就可能占用 64 个话路时隙，而目前一个基站控制器在开通 2 个 2M 通道时最多提供 60 个话路时隙。

因此在规划大量使用 1C7T 基站和 1C4T 基站的区域，一个基站控制器最多只能配置 4 块基站接口板，还要考虑扩容，建议在初期规划时一个基站控制器只配置 3 块基站接口板，相应的就是一个基站控制器最多 6 个 1C7T 大功率基站或 12 个 1C4T 大功率基站或其他组合。按照以上原则，就可以计算出每个机房内所需基站控制器的数量。按每机柜容纳 6 个基站控制器的标准，可以计算出所需基站控制器机柜的数量。

4．基站控制器（Node B）设置原则

（1）根据业务预测结果，确定建设规模。

（2）根据覆盖及话务的要求，确定站址。既要将基站设置在真正有话务需求的地区，又应考虑基站的有效覆盖范围，使系统满足覆盖目标的要求。

（3）根据目前技术手段和可使用频段，确定基站设置密度和容量。

（4）重点覆盖：保证重要区域能够为用户提供移动通信业务，如国家重点旅游区、主要公路、金融区、居民密集区及一些大型企业集团。

研讨题

1．请统计你所在校园的业务负载特性，根据你所在校园的地形地貌及建筑物分布特点，进行蜂窝小区初始规划，要求提交基站选址及选型、热点区域小基站规划、机房规划、无线网络控制器规划、寻呼区划分等方案。

第6章　业务估算与小区容量规划

本章导读

小区容量是指单个小区能够容纳的用户数或负载，小区容量规划是指根据用户需求及无线传播环境规划小区基站和信道及其他技术。规划小区容量首先要知道小区用户业务需求量，不是由用户需求本身决定的，由于业务到达系统服务都服从统计规律，即使业务呼叫量刚好等于系统信道数，也有可能出现呼损，它们之间是相互影响的，因此，需要建立不同特征业务在系统中被服务统计模型，计算相应的容量。再次，用户需求也是随时间变化的统计量，对用户需求的准确估计是降低建网成本的一个关键技术。本章首先讲解各种业务模型及容量计算，包括话务量度量、语音业务模型及容量、数据业务模型及容量、混合业务模型及容量，接着讲述用户话务量预测的几种方法。

6.1　业务量模型

随着3G、4G技术的日趋成熟和投入商用，数据业务的比例逐渐加重，业务由单一的语音业务向语音、数据的混合型业务发展。三类业务的呼叫接续方式不同，服从的统计规律不同，语音业务类似于排队论中的M/M/n/n多服务窗损失制排队模型，系统容量服从爱尔兰B模型，数据业务则类似于M/M/n多服务窗等待制排队模型，系统容量服从爱尔兰C模型，混合业务则通常基于前面两种模型，采用等效方法，建立新的模型。本节将分别介绍语音业务、数据业务、混合业务的容量模型。

6.1.1　话务量度量

通信网络中，业务的度量常用业务量和呼叫量来衡量。业务量是指在给定时间内线路被占用的总时间，单位为秒。呼叫量用来表示业务的强度，定义为线路占用时间与观察时间之比，也即单位时间内线路被占用的时间，其单位通常以爱尔兰（Erlang）

表示，1 爱尔兰表示 1 条通话电路被百分之百地连续占用 1 小时，或者 2 条通话电路各被连续占用半小时。工程中习惯将呼叫量作为话务量，本书中所指的业务量或话务量均指呼叫量。

单用户平均话务量可以表示成：

$$\rho_0 = \lambda_0 \frac{1}{\mu} \tag{6-1}$$

式中，λ_0 是平均每用户单位时间内发出呼叫的次数，又称为呼叫到达速率；$\frac{1}{\mu}$ 为每用户平均通话时间；μ 为呼叫完成速率。

小区话务量 A 可以表示为：

$$A = \rho_0 dS \tag{6-2}$$

式中，ρ_0 是每用户平均话务量（Erlang/用户），d 为用户分布密度（用户数/km^2），S 为小区面积（km^2）。

话务量是变化的，通常以每天和每周为周期做短周期变化，同时也会以年或更长周期变化。为了提供最好的服务质量，一般采用最大余量设计，即在网络规划中通常采用忙时话务量为设计指标，所谓的忙时话务量通常是将话务量最大的一小时称为忙时，相应此小时的呼叫次数为“忙时呼叫次数”或“忙时试呼次数”。忙时话务量可以由下式给出：

$$\text{BHCA} = \rho_{\text{BH}} \times \frac{1}{\mu} \tag{6-3}$$

每用户忙时话务量还可用下式表示：

$$A_0 = \alpha\beta t \tag{6-4}$$

式中，α 为每用户在一天内的呼叫次数，β 为忙时集中系数（忙时话务量与全天话务量之比），t 为每用户每次通话占用信道的平均时长。

6.1.2　语音业务模型及容量

对于传统的语音业务，用户的呼叫过程和通话过程都是随机过程。研究表明，呼叫过程服从泊松分布，通话时间服从负指数分布，由于采用电路交换制式，呼叫用户未能找到空闲资源就放弃，即用户发出呼叫后没有空闲资源就不再试呼也即阻塞，虽然在蜂窝网中，用户第一次呼叫后得不到资源将继续呼叫，但扇区共享或定向重试技术会将受阻的呼叫引导到另一小区，因此，对小区来说，语音业务仍可视为没有空闲资源就放弃。综上所述，语音业务可用 M/M/m/N 损失制模型描述。

M/M/m/n 排队模型中的字母 M、M、m、n 分别表示到达的统计特性（当到达服从泊松分布时用 M 表示）、服务时间的统计特性（当服务时间服从负指数分布时用 M 表示，服从均匀分布时用 G 表示）、服务员个数及队长，若无队长限制，则用 M/M/m 表示。一个排队模型一般用三要素即可完整描述：顾客到达率 λ、系统服务率 μ、服务员数量 m。

对于排队系统的到达过程，一般做以下假设。

（1）平稳性：在时间间隔 T 内，到达 k 个顾客的概率与 T 有关，与时间起始无关。

（2）无后效性：顾客各自独立到达。

（3）稀疏性：在无限小时间间隔内，到达两个以上顾客的概率趋近于 0。

基于上述三点假设，可以推出：在 T 期间内有 k 个顾客到达的概率为

$$P_k(T)=\frac{(\lambda T)^k}{k!}\mathrm{e}^{-\lambda T} \tag{6-5}$$

顾客到达的时间间隔服从指数分布

$$\alpha(T)=\lambda\mathrm{e}^{-\lambda T} \tag{6-6}$$

类似的，服务相继两个顾客所需的时间也是互不相关、平稳和稀疏的，服务时间 τ 服从指数分布：

$$b(\tau)=\mu\mathrm{e}^{-\mu t} \tag{6-7}$$

在 T 时间内有 k 个顾客被服务后离去的概率为

$$Q_k(T)=\frac{(\mu T)^k}{k!}\mathrm{e}^{-\mu T} \tag{6-8}$$

对 M/M/m(N)模型，假定 m 个窗口，每个窗口的服务率为 μ，每个顾客到达率为 λ，截止队长为 n，窗口未占满时，顾客到达后立即接受服务，窗口占满时，顾客等待，先到先服务，当队长达到 N 时，新来的顾客被拒绝而离去。系统状态转移模型如图 6-1 所示。

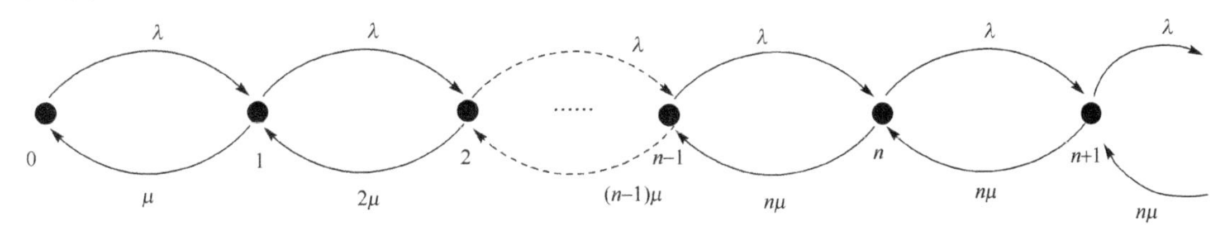

图 6-1　M/M/m(n)模型状态转移图

以系统内顾客数 k 作为状态变量，稳态下系统的状态方程为：

$$\begin{aligned} 0<k<m,\quad & \lambda P_{k-1}+(k+1)\mu P_{k+1}-(\lambda+k\mu)P_k=0 \\ m\leqslant k<n,\quad & \lambda P_{k-1}+m\mu P_{k+1}-(\lambda+m\mu)P_k=0 \\ m=k,\quad & \lambda P_{n-1}=m\mu P_m \end{aligned} \tag{6-9}$$

归一化：

$$\sum_{0}^{n} P_k=1 \tag{6-10}$$

令

$$\rho=\frac{\lambda}{m\mu} \tag{6-11}$$

的稳态解

$$P_k=\begin{cases} \dfrac{(m\rho)^k}{k!}P_0 & 0\leqslant k<m \\ \dfrac{(m\rho)^m}{m!}P & m\leqslant k\leqslant n \\ 0 & k>n \end{cases} \tag{6-12}$$

当 $k=m$ 时，

$$P_0=\left[\sum_{r=0}^{m-1}\frac{(m\rho)^r}{r!}\right]^{-1} \tag{6-13}$$

对于及时拒绝系统，$k=m$ 即被拒绝，此时顾客被拒绝的概率为：

$$P_n=P_m=\frac{a^m/m!}{\sum\limits_{r=0}^{m}a^r/r!} \tag{6-14}$$

式中，$a=\dfrac{\lambda}{\mu}$，式（6-14）即为式（6-2）中的话务量A，人们将此时的话务量称为爱尔兰 B 容量，即在给定服务员或线路数量时，满足一定呼损率的业务量。呼损率、用户的业务量、信道数之间满足如下关系：

$$P(N,A,n)=\frac{A^N/N!}{\sum\limits_{r=0}^{N}A^r/r!} \tag{6-15}$$

该式表示 n 个信道的小区，流入话务量为 A 时，n 个用户的呼损率。三个量之间的关系可查爱尔兰 B 容量表，如表 6-1 所示。

表 6-1　爱尔兰 B 容量表

A	1.0%	1.2%	1.5%	2%	3%	5%	7%	10%
1	0.0101	0.0121	0.0152	0.0204	0.0309	0.0526	0.0753	0.111
2	0.153	0.168	0.19	0.223	0.282	0.381	0.47	0.595
3	0.455	0.489	0.535	0.602	0.715	0.899	1.06	1.27
4	0.869	0.922	0.992	1.09	1.26	1.52	1.75	2.05
5	1.36	1.43	1.52	1.66	1.88	2.22	2.5	2.88
6	1.91	2	2.11	2.28	2.54	2.96	3.3	3.76
7	2.5	2.6	2.74	2.94	3.25	3.74	4.14	4.67
8	3.13	3.25	3.4	3.63	3.99	4.54	5	5.6
9	3.78	3.92	4.09	4.34	4.75	5.37	5.88	6.55
10	4.46	4.61	4.81	5.08	5.53	6.22	6.78	7.51
11	5.16	5.32	5.54	5.84	6.33	7.08	7.69	8.49
12	5.88	6.05	6.29	6.61	7.14	7.95	8.61	9.47
13	6.61	6.8	7.05	7.4	7.97	8.83	9.54	10.5
14	7.35	7.56	7.82	8.2	8.8	9.73	10.5	11.5
15	8.11	8.33	8.61	9.01	9.65	10.6	11.4	12.5
16	8.88	9.11	9.41	9.83	10.5	11.5	12.4	13.5
17	9.65	9.89	10.2	10.7	11.4	12.5	13.4	14.5
18	10.4	10.7	11	11.5	12.2	13.4	14.3	15.5
19	11.2	11.5	11.8	12.3	13.1	14.3	15.3	16.6
20	12	12.3	12.7	13.2	14	15.2	16.3	17.6
21	12.8	13.1	13.5	14	14.9	16.2	17.3	18.7
22	13.7	14	14.3	14.9	15.8	17.1	18.2	19.7
23	14.5	14.8	15.2	15.8	16.7	18.1	19.2	20.7
24	15.3	15.6	16	16.6	17.6	19	20.2	21.8
25	16.1	16.5	16.9	17.5	18.5	20	21.2	22.8
26	17	17.3	17.8	18.4	19.4	20.9	22.2	23.9
27	17.8	18.2	18.6	19.3	20.3	21.9	23.2	24.9
28	18.6	19	19.5	20.2	21.2	22.9	24.2	26
29	19.5	19.9	20.4	21	22.1	23.8	25.2	27.1
30	20.3	20.7	21.2	21.9	23.1	24.8	26.2	28.1
31	21.2	21.6	22.1	22.8	24	25.8	27.2	29.2
32	22	22.5	23	23.7	24.9	26.7	28.2	30.2
33	22.9	23.3	23.9	24.6	25.8	27.7	29.3	31.3

续表

A	1.0%	1.2%	1.5%	2%	3%	5%	7%	10%
34	23.8	24.2	24.8	25.5	26.8	28.7	30.3	32.4
35	24.6	25.1	25.6	26.4	27.7	29.7	31.3	33.4
36	25.5	26	26.5	27.3	28.6	30.7	32.3	34.5
37	26.4	26.8	27.4	28.3	29.6	31.6	33.3	35.6
38	27.3	27.7	28.3	29.2	30.5	32.6	34.4	36.6
39	28.1	28.6	29.2	30.1	31.5	33.6	35.4	37.7
40	29	29.5	30.1	31	32.4	34.6	36.4	38.8
41	29.9	30.4	31	31.9	33.4	35.6	37.4	39.9
42	30.8	31.3	31.9	32.8	34.3	36.6	38.4	40.9
43	31.7	32.2	32.8	33.8	35.3	37.6	39.5	42
44	32.5	33.1	33.7	34.7	36.2	38.6	40.5	43.1
45	33.4	34	34.6	35.6	37.2	39.6	41.5	44.2
46	34.3	34.9	35.6	36.5	38.1	40.5	42.6	45.2
47	35.2	35.8	36.5	37.5	39.1	41.5	43.6	46.3
48	36.1	36.7	37.4	38.4	40	42.5	44.6	47.4
49	37	37.6	38.3	39.3	41	43.5	45.7	48.5
50	37.9	38.5	39.2	40.3	41.9	44.5	46.7	49.6

6.1.3 数据业务模型及容量

访问网站、发送电子邮件、下载文件等都是数据业务。一般的，一个数据业务要通过多次会话完成，一次会话（Session）即指一次 PPP 连接，一次会话又分为多个分组呼叫（Packet Calls），因此，分组呼叫是数据业务的最小单位，分组呼叫之间具有休眠时间，例如，用户阅读网站上的多个网页，每个网页的阅读时间就是分组呼叫间的休眠时间，在分组呼叫过程中，网络为数据用户分配信道资源，而在休眠时，则释放信道资源。每个分组呼叫由多个分组组成。分组呼叫和服务过程是随机过程，一般情况下，可用 M/M/m/n 排队模型描述，即到达过程服从泊松分布，服务时间服从指数分布，服务员 m 个，队长 n，但排队规则与语音业务的及时拒绝不同，一般采用延时拒绝方式，即队长 $k>m$，呼叫到达后，若服务员全忙，可以等待，直至队列占满。因此，队列模型及状态转移仍如图 6-1 所示，稳态下系统的状态方程仍如式（6-9）所示，稳态解如式（6-12）所示，但

$$P_0=\left[\sum_{r=0}^{m-1}\frac{(m\rho)^r}{r!}+\frac{(m\rho)^m}{m!}\cdot\frac{1-\rho^{N-m-1}}{1-\rho}\right]^{-1} \qquad (6\text{-}16)$$

此时业务需要等待的概率等于系统状态大于或等于 m 的概率，令 $A=\dfrac{\lambda}{\mu}$，$n\to\infty$

$$P(T>0)=P(k>m)=\frac{\dfrac{A^m}{m!(1-A/m)}}{\left[\sum_{r=0}^{m-1}\dfrac{A^r}{r!}+\dfrac{A^m}{m!(1-A/m)}\right]} \tag{6-17}$$

此为爱尔兰延时呼叫公式（爱尔兰 C 公式），它表示了当数据业务呼叫量、服务员数量一定时，分组呼叫的等待概率。与爱尔兰 B 公式的关系为：

$$P(T>0)=\frac{E_{B,n}(A)}{1-\dfrac{A}{n}\left[1-E_{B,n}(A)\right]}=E_{C,A} \tag{6-18}$$

式中，$E_{B,n}(A)$ 是系统信道数为 n 时的爱尔兰 B 容量，爱尔兰 C 容量如表 6-2 所示。

同时，根据式（6-18），也能得到业务的平均等待时间，或指定平均等待时间和服务器数，得到系统能承受的爱尔兰负载。平均等待时间可用 Little 公式，得到：

$$W=\frac{1}{\mu}\cdot\frac{E_{C,n}(A)}{n-A} \tag{6-19}$$

表 6-2　爱尔兰 C 容量表

N/B	0.01	0.05	0.1	0.5	1.0	2	5
1	0.0001	0.0005	0.001	0.005	0.01	0.02	0.05
2	0.0142	0.0319	0.0452	0.1025	0.1465	0.2103	0.3422
3	0.086	0.149	0.1894	0.3339	0.4291	0.5545	0.7876
4	0.231	0.3533	0.4257	0.6641	0.81	0.9939	1.319
5	0.4428	0.6289	0.7342	1.065	1.259	1.497	1.905
6	0.711	0.9616	1.099	1.519	1.758	2.047	2.532
7	1.026	1.341	1.510	2.014	2.297	2.633	3.188
8	1.382	1.758	1.958	2.543	2.866	3.246	3.869
9	1.771	2.208	2.436	3.100	3.460	3.883	4.569
10	2.189	2.685	2.942	3.679	4.077	4.540	5.285
11	2.634	3.186	3.470	4.279	4.712	5.213	6.015
12	3.100	3.708	4.018	4.896	5.363	5.901	6.758
13	3.587	4.248	4.584	5.529	6.028	6.602	7.511
14	4.092	4.805	5.166	6.175	6.705	7.313	8.273
15	4.614	5.377	5.762	6.833	7.394	8.035	9.044

续表

N/B	0.01	0.05	0.1	0.5	1.0	2	5
16	5.150	5.962	6.371	7.502	8.093	8.766	9.822
17	5.699	6.560	6.991	8.182	8.801	9.505	10.61
18	6.261	7.169	7.622	8.871	9.518	10.25	11.40
19	6.835	7.788	8.263	9.568	10.24	11.01	12.20
20	7.419	8.417	8.914	10.27	10.97	11.77	13.00
21	8.013	9.055	9.572	10.99	11.71	12.53	13.81
22	8.616	9.702	10.24	11.70	12.46	13.30	14.62
23	9.228	10.36	10.91	12.43	13.21	14.08	15.43
24	9.848	11.02	11.59	13.16	13.96	14.86	16.25
25	10.48	11.69	12.28	13.90	14.72	15.65	17.08
26	11.11	12.36	12.97	14.64	15.49	16.44	17.91
27	11.75	13.04	13.67	15.38	16.26	17.23	18.74
28	12.40	13.73	14.38	16.14	17.03	18.03	19.57
29	13.05	14.42	15.09	16.89	17.81	18.83	20.41
30	13.71	15.12	15.80	17.65	18.59	19.64	21.25
31	14.38	15.82	16.52	18.42	19.37	20.45	22.09
32	15.05	16.53	17.25	19.18	20.16	21.26	22.93
33	15.72	17.24	17.97	19.95	20.95	22.07	23.78
34	16.40	17.95	18.71	20.73	21.75	22.89	24.63
35	17.09	18.67	19.44	21.51	22.55	23.71	25.48
36	17.78	19.39	20.18	22.29	23.35	24.53	26.34
37	18.47	20.12	20.92	23.07	24.15	25.36	27.19
38	19.17	20.85	21.67	23.86	24.96	26.18	28.05
39	19.87	21.59	22.42	24.65	25.77	27.01	28.91
40	20.58	22.33	23.17	25.44	26.58	27.84	29.77
41	21.28	23.07	23.93	26.23	27.39	28.68	30.63
42	22.00	23.81	24.69	27.03	28.21	29.51	31.50
43	22.71	24.56	25.45	27.83	29.02	30.35	32.36
44	23.43	25.31	26.22	28.63	29.84	31.19	33.23
45	24.15	26.06	26.98	29.44	30.67	32.03	34.10
46	24.88	26.82	27.75	30.24	31.49	32.87	34.97
47	25.60	27.57	28.52	31.05	32.32	33.72	35.84
48	26.34	28.33	29.30	31.86	33.14	34.56	36.72
49	27.07	29.10	30.08	32.68	33.97	35.41	37.59
50	27.80	29.86	30.86	33.49	34.80	36.26	38.47

数据业务的爱尔兰负载计算可以从下式得到：

$$A_{\mathrm{d}}=\frac{\mathrm{BHCA_d}\cdot\mathrm{CHT_d}}{3600} \tag{6-20}$$

式中，$\mathrm{BHCA_d}$ 表示每用户平均忙时分组试呼次数，$\mathrm{CHT_d}$ 表示平均呼叫保持时间，分别由下面两式计算：

$$\mathrm{BHCA_d}=\mathrm{BHSA}\times\text{平均每个会话包含的分组呼叫数} \tag{6-21}$$

$$\mathrm{CHT_d}=\mathrm{Tactive\_on}+\mathrm{Tactive\_off}+\mathrm{Tact} \tag{6-22}$$

式中，BHSA 表示每用户平均忙时会话次数，Tactive_on 表示平均分组呼叫的激活时间，Tactive_off 表示平均分组呼叫的去激活时间，Tact 表示激活状态计时器。

下面举例说明数据业务容量的计算方法。某 3G 小区 SCH 信道分布如表 6-3 所示，用户使用业务状况如表 6-4 所示。

表 6-3　某 3G 小区 SCH 信道分布

信道速率/kbps	9.6	19.2	38.4	76.8	153.6
分布概率	25%	40%	30%	4%	1%

根据表 6-3，可计算出平均速率为 26.068kbps。

表 6-4　用户使用业务状况

	信息服务	WWW	E-mail	FTP	视频点播	电子商务	其他
平均每月使用次数 C_1	60	60	60	60	5	20	15
忙日集中系数 C_2	0.05	0.05	0.05	0.05	0.05	0.05	0.05
忙时集中系数 C_3	0.1	0.1	0.1	0.1	0.1	0.1	0.1
平均每次使用时间 C_4	120	300	15	30	300	120	60
占空比 C_5	0.1	0.1	0.75	0.8	0.8	0.1	0.1
忙时数据用户的平均吞吐量 C_6	26.21	65.53	24.57	52.42	43.68	8.74	3.28
忙时会话数 λ	0.3	0.3	0.3	0.3	0.025	0.1	0.075
平均每个会话包含的分组呼叫数 C_7	1	2	2	1	1	1	1

表 6-4 中，各类参数不一定独立，例如，忙时会话数 $\lambda=C_1C_2C_3$，比如 WWW 业务，忙时会话数为 0.3，等于 C_1、C_2、C_3 的乘积。

现在来计算数据用户的忙时分组呼叫数

$$\lambda_{\mathrm{d}}=\sum C_1C_2C_3C_7=0.3\times1+0.3\times2+0.3\times2+0.3\times1+0.025\times1+0.1\times1+0.075\times1 \tag{6-23}$$
$$=2$$

每类应用的会话激活时间

$$t_a = C_1C_2C_3C_4C_5 \tag{6-24}$$

每个忙时分组呼叫的激活时间

$$t_a = C_1C_2C_3C_4C_5 / \lambda_d \tag{6-25}$$

平均呼叫保持时间

$$T_d = t_a + t_o + t_b \tag{6-26}$$

忽略状态计时器激活时间，假定所有呼叫的去激活时间都为 5，则

$$\begin{aligned} T_d &= \frac{60\times0.05\times0.1\times120\times0.1+60\times0.05\times0.1\times300\times0.1+60\times0.05\times0.1\times15\times0.75}{2} \\ &+ \frac{60\times0.05\times0.1\times30\times0.8+5\times0.05\times0.1\times300\times0.8+20\times0.05\times0.1\times120\times0.2}{2} \\ &+ \frac{15\times0.05\times0.1\times60\times0.1}{2}+5 \\ &= 20.41\text{s} \end{aligned} \tag{6-27}$$

$$A_d = \frac{\lambda_d \cdot T_d}{3600} = 0.0113\text{Erl} \tag{6-28}$$

假定小区内此类用户有 20 000 个，数据用户忙时附着概率为 40%系统等待率为 0.1%

$$A_D = A_d \times 20000 \times 40\% = 94.4\text{Erl} \tag{6-29}$$

查询爱尔兰 C 容量表，可得信道数为 122。

另外，若已知信道数及其分布和服务时间，则可以算出爱尔兰 C 容量，下面举例说明计算方法。表 6-5 所示是某小区同时激活 19.2kbps 的 SCH 信道数的概率，假设每个分组呼叫的长度为40kB，网络的排队时间为5s，呼叫的平均完成速率为 $\mu = 19.2/(40\times8)$（呼叫/s），由式（6-19）计算得到相应的爱尔兰 C 容量如表 6-5 所示。

表 6-5　某小区同时激活 19.2kbps SCH 信道概率

信道数	7	8	9	10	11	12
概率	3%	8%	24%	38%	22%	5%
爱尔兰 C 容量	6.05	6.84	8.01	8.79	9.96	10.74

概率加权得到 19.2km/s 信道的平均爱尔兰 C 容量为 8.72Erl。

6.1.4　混合业务模型及容量

现代移动通信业务特别是多媒体业务都是多个语音业务和数据业务的合成，对于此类混合业务，多采用等效方法计算容量，这些方法包括等效爱尔兰方法、Post Erlang B 方法、坎贝尔方法等。

1．等效爱尔兰方法

等效爱尔兰方法根据业务所消耗的资源大小，将一种业务等效成另外一种业务，并计算等效后的业务的总话务量，然后计算满足此话务量所需的信道数。

为了理解等效爱尔兰方法，现定义基本资源单位，所谓的基本资源单位 BRU（Basic Resource Unit）就是在一次信号传输中所占用的载波、时隙、扩频码、天线或者它们的组合，不同的通信制式，基本资源单位不同，在 TD-SCDMA 网络中，一个信道就是载波、时隙、扩频码的组合，其中一个时隙内由一个 16 位扩频码划分的信道为最基本的资源单位，即 BRU。各种业务占用的 BRU 个数是不一样的，表 6-6 显示了各种业务使用 BRU 的情况。

表 6-6　不同种类业务占用的资源

业务类型	承载速率/kbps	基本资源单位
AMR12.2K	12.2	2
CS64K	64	8
PS64K	64	8
PS128K	128	16

其中，AMR12.2K 为语音业务，CS64K 为电路交换业务，PS64K 业务、PS128K 为包交换业务，这是典型的混合业务。在一个时隙中，最多可有 8 个语音 AMR12.2K 业务，或者 2 个 CS64K 业务，或者 2 个 PS64K 业务，或者 1 个 PS128K 业务，根据表 6-6 可以估算不同业务占用资源比例，例如，设业务 A 为 AMR12.2K 和业务 B 为 CS64K。

等效爱尔兰方法的基本原理如下。一般情况下，以语音业务为等效基准，在上述表中，假定 AMR12.2K 为等效基准，假定其话务量为 12Erl，假定 CS64K 业务的话务量为 6Erl，根据表 6-6：AMR12.2 业务每个连接占用 2 个 BRU 信道资源；CS64K 业务每个连接占用 8 个 BRU 信道资源；因此根据每种业务占用信道资源的比例，可以将 1Erl 的 CS64K 业务等效为 4Erl 的 AMR12.2K 业务，则网络中总话务量为 6×4+12=36Erl（AMR12.2K 业务），如果要求阻塞率为 2%，则通过查询爱尔兰 *B* 容量表，共需要 46 个业务 A 的信道资源，共需要 92 个 BRU 资源。当然，也可以将 4Erl

的 AMR12.2K 业务等效为 1Erl 的 CS64K 业务，则网络中总话务量为 12/4+6=9Erl（CS64K 业务），如果要求阻塞率为 2%，通过查询爱尔兰 *B* 容量表，共需要 15 个业务 B 的信道资源，共需要 120 个 BRU 资源。但是，一般不把 PS64K 这种数据业务直接等效成语音或电路交换业务。

2. Post Erlang B 方法

该方法先分别计算各业务满足容量需求的信道数，再将信道进行等数相加，得出满足混合业务所需的行道数。计算过程如下：

（1）确定规划区内 CS 业务话务量和 PS 业务话务量；

（2）对 PS 业务，求其等效爱尔兰数；

（3）计算特定站型及时配比条件下的单小区单业务信道数；

（4）根据爱尔兰 B 或 C 计算单小区所能支持的爱尔兰数；

（5）计算机站数。

下面举例说明如何利用 Post Erlang B 方法进行容量估算。设某 TD-SCDMA 网络支持如表 6-6 所示的业务，各业务的话务量为：AMR12.2K 语音业务 400 Erl，CS64K 可视电话 3.63 Erl，PS64K/64K 的吞吐量为 986.67kbps，PS64K/128K 的吞吐量为 412.18kbps，根据数据业务等效爱尔兰=预测业务吞吐量/业务承载速率，可以得到 PS 数据业务的爱尔兰数分别如表 6-7 所示。

设该区域所有小区上下时隙比例配置为 3:3，采用单载波，假定一个小区能够提供 24 个语音信道、6 个 CS64K 信道、6 个 PS64K/64K 信道和 3 个 PS64K/128K 信道，对于 CS 域业务，设定阻塞率为 2%，通过查询爱尔兰 *B* 容量表，可以确定单小区能够提供 AMR12.2K 和 CS64K 的等效话务量，对于 PS 域业务，设定阻塞率为 10%，通过查询爱尔兰 *C* 容量表，可以确定单小区能够提供的 PS64K/64K 和 PS64K/128K 的等效话务量。结果如表 6-7 所示。

表 6-7 各业务等效爱尔兰

业务类型	预测话务量或流量	等效爱尔兰	每小区提供的等效爱尔兰
AMR12.2K	400Erl	400	16.6
CS64K	3.63 Erl	3.63	2.28
PS64K	986.67kbps	15.42	3.01
PS128K	412.18kbps	6.44/3.22	3.01/1.04

根据表 6-7，可以得到分别需要的上下行小区数目：

上行：400/16.6+3.63/2.28+15.42/3.01+6.44/3.01=33；

下行：400/16.6+3.63/2.28+15.42/3.01+3.22/1.04=34。

综合上下行的估算结果，为满足网络容量需求，取上下行较大的数目，即单载波 3:3 时隙配置，需要 34 个小区。

3．坎贝尔方法

坎贝尔算法是利用坎贝尔模型构造一个等效业务，并计算系统可以提供该业务的信道数和总的等效话务。在 CS 域和 PS 域分别利用 Erlang B 公式和 C 公式进行计算。该算法的优点是易于实际应用，可以同时应用于 CS 域和 PS 域，预算结果适度。计算了 CS 的业务容量之后，利用剩余信道容量计算 PS 域的业务容量，即利用坎贝尔信道和坎贝尔爱尔兰数之差计算数据业务的平均速率。

设 R_j 表示第 j 种业务的速率，$(E_b/N_0)_j$ 表示该业务解调需要的能噪比，则第 j 种业务相对于参考业务 r 的业务资源强度 $\beta_{j,r}$ 可以通过式（6-30）求得：

$$\beta_{j,r}=\frac{R_j\cdot(E_b/N_0)_j}{R_r\cdot(E_b/N_0)_r} \tag{6-30}$$

并且假定参考业务的资源单位为 1。

定义 C 为坎贝尔容量因子，表征一个坎贝尔信道与一个基本业务信道的资源强度关系，如式（6-31）所示

$$C=\frac{\sum_j t_j\beta_{j,r}^2}{\sum_j t_j\beta_{j,r}} \tag{6-31}$$

式中，t_j 为第 j 总业务的业务量。基站提供的坎贝尔信道数可以通过式（6-32）计算，N_r 为参考业务的信道数；

$$N_{\text{combell}}=\frac{N_r-1}{C} \tag{6-32}$$

坎贝尔业务与坎贝尔信道之间满足 Erlang B 模型，查询 B 容量表，可得单小区坎贝尔容量 T_{cell}。

坎贝尔业务总量：

$$T_{\text{combell}}=\frac{\sum_j t_j\beta_{j,r}}{C} \tag{6-33}$$

所需小区数：

$$N=\frac{T_{\text{combell}}}{T_{\text{cell}}} \tag{6-34}$$

从以上坎贝尔容量估算过程可见，坎贝尔方法是将所有业务统一为 CS 域业务进行等效，并运用爱尔兰 *B* 公式进行分析和计算，事实上，网络中还存在着 PS 域业务，PS 域业务通常需要采用爱尔兰 *C* 公式进行分析，利用坎贝尔方法对所有混合业务进行容量估算，没有考虑各种业务阻塞率的差别，简单认为所有业务的阻塞率都相同，同时虚拟业务与各种业务的等效关系也不是十分准确，因此存在固有的局限性。

6.1.5 数据业务容量的仿真分析

首先进行链路级仿真，链路级仿真依据各物理层标准建立信道模型，同时输入无线信道多径模型、数据速率、要求的误码率或误帧率（数据业务的误帧率要求比话音业务要宽松得多）等，得到各种数据速率的业务信道在不同的几何因子（geometry，定义为用户接收到的来自本小区的干扰功率除以来自其他小区的干扰功率与背景噪声之和）条件下所需的功率。

然后进行系统级仿真，分为动态和静态两种。动态的系统级仿真十分复杂，将动态的系统级仿真简化，可使数据容量的计算简单化。这里，我们用静态的系统级仿真和爱尔兰排队模型来代替复杂的动态仿真，如图 6-2 所示。

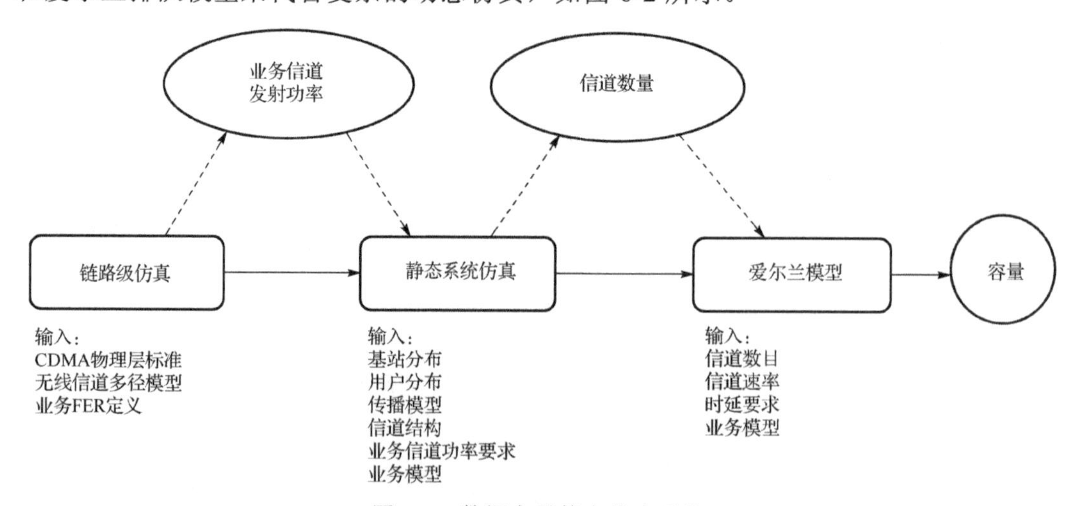

图 6-2 数据容量静态仿真系统

以 CDMA2000 1x 为例，介绍静态的系统级仿真的方法。

（1）在服务区内，数据用户以突发（burst）的方式发送数据分组。在发送分组的每一个时间片内，网络给用户分配一条补充业务信道（SCH，supplemental channel），这条信道的速率在这个时间片内是固定的。CDMA2000 1x 的 SCH 信道速率可以有多个：9.6bps、19.2bps、38.4bps、76.8bps、153.6bps 等，网络可用的信道数量和速率是随机的，受多个因素制约，包括：用户位置、速度、多径衰落、阴影衰落、无线传播模型等。

（2）在每一次快照中，将一定数量的数据会话业务按位置分布随机产生。在这次快照过程中，系统为每个激活的会话分配一个固定速率的 SCH 信道，并根据链路级仿真的结果分配所需的功率。如果基站所需的发射功率（前向）或接收功率（反向）超过所能承受的最大值，则减少会话数量；如果基站所需的发射功率（前向）或接收功率（反向）还未饱和，则增加会话数量。通过大量的快照，我们可以统计出不同速率条件下系统可用的 SCH 信道的数量分布。这种仿真方式大大降低了计算的复杂性。

（3）由系统可用的各种速率的 SCH 信道数，通过爱尔兰 C 排队模型，可以计算出系统的数据容量。

6.2　用户话务量预测

蜂窝移动话务分布随地点变化较大，话务量主要集中在大中城市，城市中心为话务密集区，在密集区内还存在话务热点，郊县话务量较低，因此，建网时不能均匀布点，需对各地点用户话务量做出预测，根据话务分布布网，同时，话务量分布也会随着时间变化，长期来看具有一定规律，因此，可以通过各种预测方法较准确地预测用户话务量。预测方法可以分为定性预测和定量预测。定性预测一般通过大量经验数据，对话务量法阵趋势和程度做出判断。定量预测根据准确、及时、系统、全面的调查统计资料和市场经济信息，运用统计方法和数学模型，对话务量未来发展的规模、水平、速度和比例关系进行测定。定量预测包括时间序列预测和回归分析预测等。

6.2.1　增长趋势预测法

该方法根据过去用户的增长趋势，推测未来用户数的增长规模。表 6-8 所示为某地区过去几年移动用户年增长率。该地区 1992—1999 年的用户增长率不是呈逐年下降趋势，而是有起有落，没有规律，故该地区 2000 年的增长率取 1995—1999 年的平均增长率 70%，2001 年的增长率取 40%，略高于全国平均水平 38.85%，这与该地区作为中等城市是相称的，2002 年的增长率取为 30%。根据趋势预测出该地区移动电话增长率呈缓慢下降趋势。

表 6-8　某地区移动用户增长情况

时　间	用　户　数	增　长　数
1992 年	1085	
1993 年	3033	180
1994 年	7367	143
1995 年	14539	97
1996 年	31180	114
1997 年	49761	60
1998 年	93922	89
1999 年	177659	89

6.2.2　成长曲线法

大量数据表明，蜂窝移动电话的普及率达到一定数值时，逐渐则趋于饱和，而不会单纯地按指数或线性趋势上升，这种饱和曲线常用的方程有龚珀资（Gompertz）曲线方程和逻辑（Logistic）曲线方程。龚珀资曲线方程的数学表达式为：

$$Y = L\mathrm{e}^{-bt^{-kt}}$$

龚珀资曲线形状如图 6-3 所示。

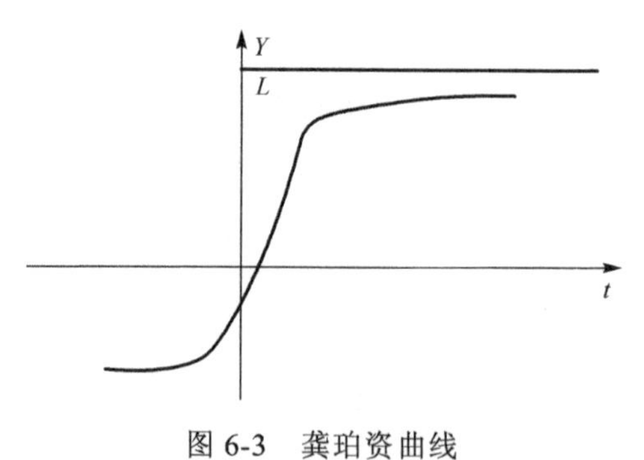

图 6-3　龚珀资曲线

6.2.3　二次曲线法

许多工程问题，常常需要根据两个变量的几组实验数据，来找出这两个变量的函数关系的近似表达式。通常把这样得到的函数的近似表达式称为经验公式。经验公式建立以后，就可以把生产或实验中所积累的某些经验提高到理论水平上加以分析。在进行移动用户预测时，可以根据前几年的用户发展情况，建立一个经验公式，以此公式来预测后几年的用户发展情况。

对于某城市移动用户的增长情况，令

$$y = ax^2 + bx + c$$

式中，x 代表年数，y 代表移动通信网用户量。

令方差

$$\sigma^2 = \sum_{i=1}^{N}[y_i - (ax_i^2 + bx_i + c)]^2$$

采用最小二乘法即偏差的平方和最小来选择常量 a、b、c，计算过程如下：

$$\partial\sigma^2/\partial a = \sum_{i=1}^{N}[y_i - (ax_i^2 + bx_i + c)]x_i^2 = 0$$

$$\partial\sigma^2/\partial b = \sum_{i=1}^{N}[y_i - (ax_i^2 + bx_i + c)]x_i = 0$$

$$\partial\sigma^2/\partial c = \sum_{i=1}^{N}[y_i - (ax_i^2 + bx_i + c)] = 0$$

将前几年移动用户数代入，即可求得 a、b、c。

习　　题

1. 某系统有 8 个信道，目前可以容纳 300 个用户，每个用户忙时话务量为 0.03Erl，则此时的呼损率是多少？如果用户数和话务量不变，要使呼损率降为5%，需增加多少信道数？

2. 调查身边同学使用淘宝购物这一电子商务业务的特点，统计如表 6-4 所示的数据，假定信道速率为 19.2kbps，假定忙时附着率为 40%，计算所需信道数。

3. 查阅资料，综述宽带多媒体业务的新型业务量模型。

第7章　小区覆盖规划和链路预算

链路预算是指在满足小区覆盖目标的前提下，对通信链路的系统参数、发射机参数、接收机参数、路径损耗预留参数及路径损耗模型参数的预算，是在理想模型的基础上得到的工程实际参数设置量，对工程实际具有直接指导作用。本章首先介绍小区覆盖设计目标，包括通信概率及各种余量设定的一般方法，接着分别介绍上下行链路预算方法。

7.1　小区覆盖设计

蜂窝小区覆盖设计要考虑三个因素：覆盖场强、覆盖半径、边缘通话概率，这些参数又与系统冗余、快衰落及噪声引起的性能恶化冗余、各类损耗、路损、基站天线参数等相关，本节介绍这些参数的一般设定方法。

7.1.1　通信概率设定

通信概率是指移动台在无线覆盖区边缘或区内进行满意通话（指话音质量达到规定指标）的成功概率，包括位置概率和时间概率。在我国，一般采用边缘的满意概率，一般（按车载台算）郊区为75%，城市为 90%。近来，运营商为了提高竞争力，提高了服务质量，这一指标有了提高，郊区为 80%，城市为 95%。

蜂窝移动通信系统的接收信号中值电平随时间的变化远小于随位置的变化，因此，一般忽略时间的变化给通信概率带来的影响，接收信号的中值电平随位置的变化服从正态分布，通常所说的通信概率是位置概率的概念。

同时，通话质量通常用误帧率和中断率同时表示，比如，一般对话音要求 1%的误帧率和 2%的中断率。误帧率的要求要通过接收信号信噪比来保证，信噪比受到损耗、衰落等因素影响，因此，小区规划时必须为这些因素留有余量。

7.1.2　系统余量设定

系统余量是考虑覆盖区边缘或区内的无线可通率指标而增加的系统容量。系统余量的一般计算如下：

$$D_{\mathrm{L}} = m_{\mathrm{d}} - P_{\min} = K(L)\sigma_{\mathrm{L}} \tag{7-1}$$

式中，L 为百分之覆盖区边缘的无线可通率，$K(L)$为与无线可通率有关的系统余量系数。$K(L)$值的计算公式为：

$$K(L) = \sqrt{2}\mathrm{erf}^{-1}(0.02L-1) \tag{7-2}$$

式中，$\mathrm{erf}^{-1}(x)$为误差函数的反函数；如求覆盖区边缘的无线可通率为 75%及 90%的系统余量，$K(L)$值分别为：

$$K(L) = \sqrt{2}\mathrm{erf}^{-1}(0.02\times 90-1) = \sqrt{2}\mathrm{erf}^{-1}(0.8) = 1.28 \tag{7-3}$$

$$K(L) = \sqrt{2}\mathrm{erf}^{-1}(0.02\times 75-1) = \sqrt{2}\mathrm{erf}^{-1}(0.5) = 0.675 \tag{7-4}$$

于是，系统余量分别为：

$$D_{\mathrm{L}} = 1.28\sigma_{\mathrm{L}} \tag{7-5}$$

$$D_{\mathrm{L}} = 0.675\sigma_{\mathrm{L}} \tag{7-6}$$

式中，σ_{L} 是接收信号中值场强随位置及时间变化的标准差，值也可按下式计算。

对于市区及林区（Okumura 实验曲线的拟合结果）：

$$\sigma_{\mathrm{L}} = 4.92 + 0.02(\lg f)^{4.08} \tag{7-7}$$

对于其他地区（CCIR567 号报告）：

$$\sigma_{\mathrm{L}} = \begin{cases} 6 + 0.69(\Delta h/\lambda)^{0.5} - 0.0063(\Delta h/\lambda) & \Delta h/\lambda \leqslant 3000 \\ 25 & \Delta h/\lambda > 3000 \end{cases} \tag{7-8}$$

7.1.3　恶化量储备设定

恶化量是指存在多径传播效应及人为噪声（主要是汽车火花干扰）时，为达到与只有接收机内部噪声时相同的话音质量所必需的接收电平增加量。

具体来说，多径传播造成的快衰落使信号瞬时电平在中值电平上下 10～20dB，甚至更大，但这并不等于它引起的恶化量。多径传播只对运动着的车载台引起信号快衰落，这种快衰落的信号听起来很像声音颤动，对于静止的车载台或缓慢移动的手持机，其效应是在覆盖区内造成一些信号很低的小洞，导致在低功率的手持机中话音听起来很嘈杂。所以，多径传播效应对于运动中的车载台和对于停着的车载台及手持机所造成的恶化量是不同的，但都引起噪声增加，故将其与人为噪声影响一并考虑。

对于一般的蜂窝移动通信网，只需考虑3级话音质量，移动台的恶化量储备为5dB，基站台接收端的恶化量储备为 12dB（车辆在行驶中）和 0dB（车辆在停驻中或移动台缓慢移动）。

7.1.4　各类损耗设定

损耗包括建筑物的贯穿损耗、人体损耗、车内损耗等。

1. 建筑物的贯穿损耗

建筑物的贯穿损耗是指电波通过建筑物的外层结构时所受到的衰减，它等于建筑物外与建筑物内的场强中值之差。

建筑物的贯穿损耗与建筑物的结构、门窗的种类和大小、楼层有很大关系。贯穿损耗随楼层高度的变化一般为–2dB/层，因此，一般都考虑一层（底层）的贯穿损耗。

下面是一组针对 900MHz 频段，综合国外测试结果的数据。

（1）中等城市市区一般钢筋混凝土框架建筑物，贯穿损耗中值为 10dB，标准偏差 7.3dB；郊区同类建筑物，贯穿损耗中值为 5.8dB，标准偏差 8.7dB。

（2）大城市市区一般钢筋混凝土框架建筑物，贯穿损耗中值为 18dB，标准偏差 7.7dB；郊区同类建筑物，贯穿损耗中值为 13.1dB，标准偏差 9.5dB。

（3）大城市市区一般金属壳体结构或特殊金属框架结构的建筑物，贯穿损耗中值为 27dB。

（4）由于我国的城市环境与国外有很大的不同，一般比国外同类地区建筑物要高 8～10dB。

例如，对于 1800MHz，虽然其波长比 900MHz 短，贯穿能力更大，但绕射损耗更大。因此，实际上，1800MHz 的建筑物的贯穿损耗比 900MHz 的要大，一般取比同类地区 900MHz 的贯穿损耗大 5～10dB。

2. 人体损耗

对于手持机，当位于使用者的腰部和肩部时，接收的信号场强比天线离开人体几个波长时将分别降低 4～7dB 和 1～2dB。一般人体损耗设为 3dB。

3．车内损耗

一般车内损耗为 8～10dB。

7.1.5 天线性能参数选定

天线的性能参数有天线增益、前后比、极化、波束宽度等，天线的安装参数有高度、倾角等，常用的天线技术有分集等。

对于天线有效高度，通常用天线的海拔高度减去地形的平均海拔高度：$h_{te}= h_{ts}-h_{ga}$。当天线以垂直方向安装以后，它的发射方向是水平的，由于要考虑到同频干扰、时间色散等问题，小区制的蜂窝网络的天线一般有一个下倾角度。天线的下倾的方式可以分为机械下倾和电子下倾两种。天线的机械下倾角度过大时，会导致天线方向图严重变形，给网络的覆盖和干扰带来许多不确定因素，因此不主张天线下倾超过 25°。

在蜂窝通信中，与规划相关的分集技术有空间分集或极化分集。分集技术可以抑制衰落的影响，分集增益与通信概率有关，概率越大，分集增益越大，一般为 3～5dB。极化分集是指使两副接收天线的极化角度互成 90°，不仅可以获得较好的分集增益，还可以把分集集成于一副天线内。天线分集需要注意以下几点。

（1）乡村基站的分集接收——由于这些基站的用户密度较低，建筑物稀疏，覆盖距离大，多采用全向天线，在同样分集的天线间距下相关系数比城市大，建议这些基站不采用分集接收而用塔顶低噪声放大器来扩大对移动台的覆盖范围。

（2）分集天线的排列——由于在同样间距条件下，垂直布置比水平布置的相关系数要大得多，一般水平间隔布置，不按垂直间隔排列。

（3）当分集天线有效高度小于 30m 时，天线间距≥3m，为了使两副天线的相互影响造成的方向图畸变保持在 2dB 以内，则分集天线间距应取≥3m。

7.2 上行链路预算

7.2.1 上行链路预算模型

由于受手机发射功率的限制，CDMA 系统的覆盖首先由上行链路决定。因此，上行链路预算通常决定了小区的大小，从而决定了整个规划区在覆盖受限情况下的基站数。上行链路预算系统模型如图 7-1 所示，允许的最大路径损耗为：

L_p = 移动台业务信道有效全向辐射功率－人体损耗－建筑物贯穿损耗－衰落余量
+软切换增益+基站接收天线增益－基站馈线损耗－基站接收机灵敏度　　（7-9）

根据式（7-9），选择合适的传播模型，将最大路径损耗转化为传播距离，即得到小区的覆盖半径。

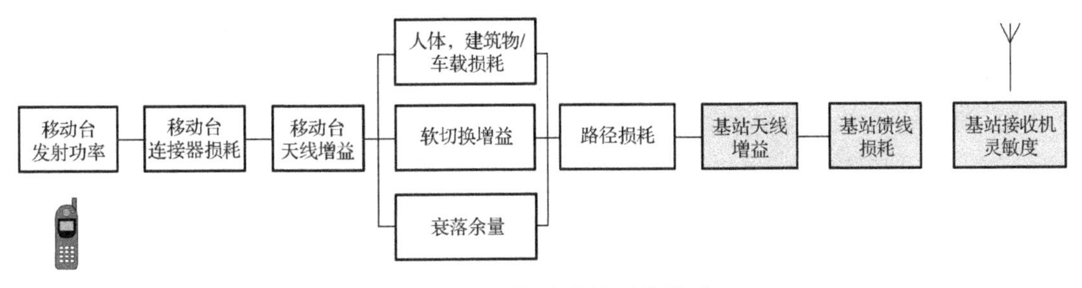

图 7-1　上行链路预算系统模型

7.2.2　上行链路预算参数

用于上行链路预算的参数大致可分为四类：系统参数、移动台发射机参数、基站接收机参数、余量预留。

1. 系统参数

（1）载波频率

载波频率影响传播损耗，不同的频率，其传播损耗不同。

（2）扩频带宽

CDMA 扩频后的带宽，也是进入接收机的噪声的带宽。IS-95 与 CDMA2000 1x 的扩频带宽都是 1.2288MHz。

（3）数据速率

无线信道的数据速率。在 IS-95 标准里，语音业务的全速率为 9.6kbps，对应的半速率是 4.8kbps，四分之一速率是 2.4kbps，八分之一速率是 1.2kbps，由语音的激活情况决定。CDMA2000 1x RC3 中定义的数据速率还有 19.2kbps、38.4kbps、76.8kbps、153.6kbps 等。

（4）处理增益

处理增益也称为扩频增益，在数值上等于扩频带宽与数据速率的比值。它表示经过解调后，用户信噪比可增加的倍数。对于 IS-95 的语音业务，扩频带宽是 1.2288MHz，业务信道数据速率是 9.6kbps，处理增益为 21.07dB。

（5）背景噪声

背景噪声也称为热噪声，是由于电子的热运动产生的噪声。在微波频段，$hf \ll kT$ 时，热噪声可如下计算：

$$N_{th} = KTB \quad (7\text{-}10)$$

式中，K 为玻尔兹曼常数，T 是绝对温度，单位是开尔文，f 是中心频率，B 是系统带宽。设室温为 300 开尔文，计算热噪声谱密度得–174dBm/Hz。

2. 移动台发射机主要参数

移动台发射机主要参数如表 7-1 所示。

表 7-1 上行链路发射机（移动台）参数

系统参数	AMR12.2K	CS64K	PS64K
信息速率/kbps	12.2	64	64
系统速率/kbps	3840	3840	3840
移动台最大发射功率/W	0.125	0.125	0.125
移动台最大发射功率/dBm	21.0	21.0	21.0
移动天线增益/dBi	0	0	0
人体损耗/dB	3	0	0
移动台连接器损耗/dB	1	1	1
移动台 EIRP/dBm	17.0	20.0	20.0

3. 基站接收机参数

基站接收机参数如表 7-2 所示。

表 7-2 上行链路接收机（基站）参数

	AMR12.2K	CS64K	PS64K
热噪声密度（dBm/Hz）	–174	–174	–174
接收机噪声系数/dB	4	4	4
接收机噪声密度（dBm/Hz）	–170	–170	–170
接收机噪声功率/dB	–104.16	–104.16	–104.16
小区负荷	50%	50%	50%
干扰储备/dB	3.0	3.0	3.0
总有效噪声+干扰/dBm	–101.15	–101.15	–101.15
处理增益/dB	25.0	17.8	17.8
E_b/N_t/dB	5.8	3.2	2.8
接收机灵敏度/dBm	–120.33	–115.73	–116.13
基站天线增益/dBi	20	20	20

续表

	AMR12.2K	CS64K	PS64K
基站馈损（dB/百米）	4	4	4
基站馈缆长度	50	50	50
基站馈损/dB	2	2	2
跳线及避雷器损耗	1	1	1
快衰落储备/dB	4	4	4
最大路径损耗/dB	150.3	148.7	149.1

表 7-2 参数中有以下几点需要注意。

1）业务信道所需的 E_b/N_t 是每个业务信道信息比特能量与总的噪声和干扰功率谱密度的比值，反映了信噪比的大小，为了满足误码率要求，用户的信噪比需要达到一定的值。E_b/N_t 随传播环境、移动速度、链路实现方案的不同而不同。

2）噪声系数有多种定义，常用于：

（1）度量天线端接收的环境噪声比热噪声高出的部分；

（2）信号通过接收机后，度量 SNR 降低的部分；

（3）考虑到天线端的噪声源（常用于卫星天线），度量天线的噪声温度比接收机的噪声温度高出的部分。

在移动通信网络的链路预算中，噪声系数指的是基站接收机的噪声系数和移动台接收机的噪声系数。在数值上等于输入信噪比与输出信噪比的比值，定义为：

$$F = \frac{S_i/N_i}{S_o/N_o} \tag{7-11}$$

或

$$F = 10\lg\left[(S_i/N_i)/(S_o/N_o)\right](\text{dB}) \tag{7-12}$$

当信号与噪声输入到理想的无噪声的接收机时，二者同样地被衰减或放大，信噪比不变，$F=1$ 或 0dB。但实际上，接收机本身都是有噪声的，输出的噪声功率要比信号功率增加得多，所以输出信噪比减小了，$F>1$。

当有 n 个接收机级联时，等效的噪声系数为

$$F = F_1 + \frac{F_2-1}{G_1} + \frac{F_3-1}{G_1G_2} + \cdots + \frac{F_n-1}{G_1G_2\cdots G_n} \tag{7-13}$$

式（7-13）表明，级联系统的噪声主要由第一级决定。噪声系数属于接收机本身的属性。

3）接收机灵敏度是指接收机输入端为保证信号能成功地检测和解码（或保持所需要的 FER）而必须达到的最小信号功率。在 CDMA 系统中，接收机灵敏度与其他系统有些不同。由于 CDMA 系统的所有用户在同一频段上发送信号，接收机除了需要克服热噪声、接收机内部噪声外，还需要克服来自系统内部的噪声。因此，CDMA 接收机的最小接收功率由所需的 E_b/N_t、处理增益和全部干扰噪声决定。

因为

$$\frac{S_{\min}/R}{N_{\text{th}}F}=\left(\frac{E_b}{N_t}\right)_{\text{req}} \tag{7-14}$$

所以

$$S_{\min}=\left(\frac{E_b}{N_t}\right)_{\text{req}}\cdot N_{\text{th}}FR \tag{7-15}$$

或

$$S_{\min}(\text{dBm})=\left(\frac{E_b}{N_t}\right)_{\text{req}}(\text{dBm})+N_{\text{th}}(\text{dBm/Hz})+F(\text{dBm})+R(\text{dBm/Hz}) \tag{7-16}$$

4．余量预留

1）阴影衰落标准差

大量实测数据统计表明，在一定距离内，本地的平均接收场强在中值附近上下波动，这种因为一些人造建筑物或自然界阻隔而导致的平均接收场强衰落现象称为阴影衰落（或慢衰落）。在计算无线覆盖范围时，通常认为阴影衰落值呈对数正态分布。阴影衰落的标准差随本地环境的不同而不同。在城市环境中，阴影衰落标准差的范围为 8～10dB。

2）边缘覆盖效率

小区的边缘覆盖效率定义为在小区边缘接收信号大于接收门限的时间百分比。

3）面积覆盖效率

面积覆盖效率定义为在半径为 R 的圆形区域内，接收信号强度大于接收门限的位置占总面积的百分比。设接收门限是 x_0，接收信号大于 x_0 的概率是 P_{x_0}，则面积覆盖效率由下式得到：

$$F_u=\frac{1}{\pi R^2}\int P_{x_0}\,\mathrm{d}A \tag{7-17}$$

由式（7-17）推出的面积覆盖效率为：

$$F_{\mathrm{u}}=\frac{1}{2}\left[1-\operatorname{erf}(a)+\exp\left(\frac{1-2ab}{b^2}\right)\left(1-\operatorname{erf}\frac{1-ab}{b}\right)\right] \tag{7-18}$$

式中

$$b=\frac{10\cdot n\cdot \lg e}{\sigma\sqrt{2}},\quad a=\frac{-M}{\sigma\sqrt{2}},\quad \operatorname{erf}(x)-\frac{2}{\sqrt{\pi}}\int_0^x \mathrm{e}^{-t^2}\mathrm{d}t$$

M 为给定门限 x_0 的阴影衰落余量（下面对衰落余量有详细描述）；n 为路径损耗指数；σ 为阴影衰落的对数标准差。

小区边缘覆盖效率与面积覆盖效率是相互关联的，图 7-2 给出了它们和阴影衰落余量的关系。

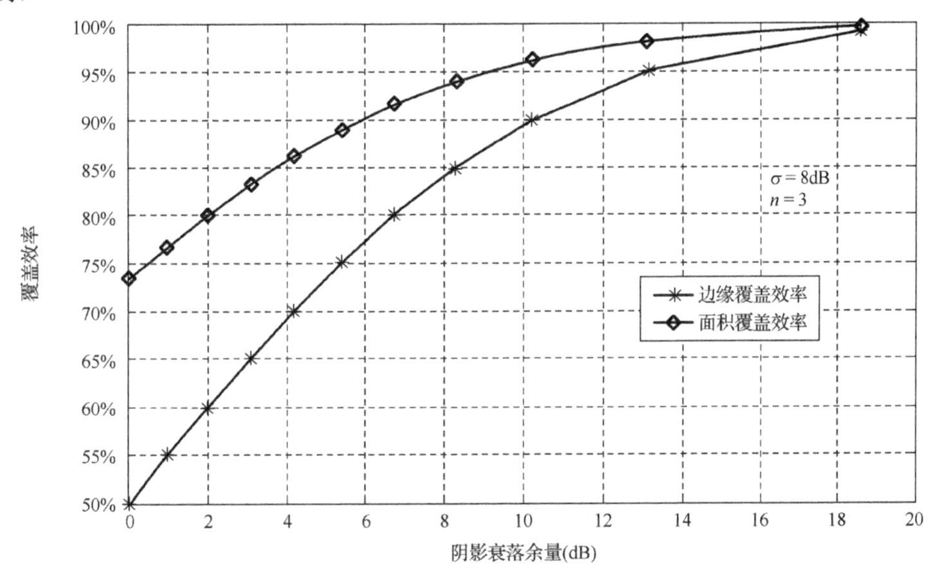

图 7-2　小区边缘覆盖效率与面积覆盖效率和阴影衰落余量的关系

4）衰落余量

无线信道的阴影衰落呈对数正态分布。为保证小区边缘一定的覆盖效率，在链路预算中，必须预留出一部分的余量，以克服阴影衰落对信号的影响。设计的小区边缘的接收信号的中值与接收机灵敏度之差，称为衰落余量。衰落余量与边缘覆盖效率的关系为

$$P_{x_0}=\int_{x_0}^{\infty}\frac{1}{\sigma\sqrt{2\pi}}\exp\left[\frac{-(x-\overline{x})^2}{2\sigma^2}\right]\mathrm{d}x=\frac{1}{2}+\frac{1}{2}\operatorname{erf}\left(\frac{M}{\sigma\sqrt{2}}\right) \tag{7-19}$$

式中，$\operatorname{erf}(x)=\frac{2}{\sqrt{\pi}}\int_0^x \mathrm{e}^{-t^2}\mathrm{d}t$，$M=\overline{x}-x_0$，$x$ 是接收信号功率，x_0 是接收机灵敏度，P_{x_0} 是

接收信号 x 大于门限 x_0 的概率，σ 是阴影衰落的对数标准差，$\bar{x}$ 是接收信号功率的中值，M 是衰落余量。

5）分集增益

分集增益是指基站采用分集技术带来的增益。一般情况下，分集增益在 E_b/N_t 的要求中已经包括了，不再单独计算了。

6）软切换增益

软切换增益是指在两个小区或多个小区的边界处通过切换而得到的增益，在这个边界上，平均损耗对每个小区都是相同的。软切换增益有几种定义：

- 处于软切换时，用户在小区边界处的发射功率比无软切换时的减少量；
- 处于软切换时，中断概率（用户发射功率超过门限的概率）比无软切换时的减少量；
- 处于软切换时，为保证一定的边缘覆盖效率所需的阴影衰落余量比无软切换时的减少量。

链路预算是在用户以最大功率发射时，为保证一定的覆盖效率所能允许的最大路径损耗。因此，在链路预算中，使用第三种定义更恰当。

7）人体损耗

人体损耗是指手持话机离人体很近造成的信号阻塞和吸收引起的损耗。人体损耗取决于手机相对于人体的位置，链路预算中一般取 3dB。

8）建筑物/车辆贯穿损耗

当人在建筑物内或车内打电话时，信号穿过建筑物和车体，会造成一定的损耗。这些贯穿损耗随环境、建筑物及汽车类型的不同而不同。通常，对于密集城区，建筑物贯穿损耗取 20～25dB，对于一般的城区，取 15～20dB，对于郊区和乡村，取 5～10dB。车辆贯穿损耗通常取 6～10dB。

9）小区负载与干扰余量

CDMA 系统工程师通常用负载因子来监视干扰情况和网络拥塞。上行链路的小区负载因子定义为工作的用户数与最大允许用户数的比值。

$$\beta = \text{小区负荷} \triangleq \frac{\text{工作用户数}}{\text{最大用户数}} = \frac{M}{M_{\max}} \tag{7-20}$$

下行链路的负载因子可以定义为 BTS 实际平均发射功率与 BTS 的最大平均发射功率之比。当系统全负载时，负载因子为 1。通常工程师会把负载因子控制在 75%以下，当负载因子高于 75%时，系统可能进入不稳定状态。

在 CDMA 系统中，所有的用户在同一频段内发射，每一用户的信号对别的用户来说都是干扰。CDMA 系统的这种自干扰提高了接收机的噪声基底，使接收机灵敏度降低，增加了接收机的最低接收门限。因为干扰而增加的接收机接收门限，在链路预算中以干扰余量的方式来体现。

干扰余量定义为总干扰噪声与热噪声的比值，表示了干扰使背景噪声提高的程度。

$$\eta = \frac{I_t + N_0}{N_0} \tag{7-21}$$

上行链路余量预留如表 7-3 所示。

表 7-3　余量预留表

	AMR12.2K	CS64K	PS64K
覆盖概率	98%	98%	98%
对数正态衰落标准差/dB	10	10	10
相对应的边缘覆盖概率	93%	93%	93%
对数正态衰落储备/dB	14.8	14.8	14.8
软切换增益/dB	3	3	3
贯穿损耗/dB	20	20	20
最大允许路径损耗/dB	118.5	116.9	117.3

5. 上行链路所选传播模型 COST231HATA

其参数如表 7-4 所示。

表 7-4　传播模型 COST231HATA 参数

	AMR12.2K	CS64K	PS64K
基站高度（Hb/m）	30	30	30
射频频率/MHz	1950	1950	1950
K_1	36.55	36.55	36.55
K_2	33.9	33.9	33.9
K_3	−13.82	−13.82	−13.82
K_4	54.52	54.52	54.52
K_5	−6.55	−6.55	−6.55
b	127.6683576	127.6683576	127.6683576
a	44.84485578	44.84485578	44.84485578
小区服务半径/m	0.62	0.58	0.59

7.3 下行链路预算

相比上行链路，下行链路有以下不同：业务信道功率为所有的用户共享；软切换时，一个移动台同时和多个基站通信；下行链路所需的 E_b/N_t 随数据速率、移动速度和多径条件的不同，变化很大，下行链路预算变得很困难。但是，CDMA 通常是反向受限，下行链路预算的目的是保证由上行链路预算所确定的小区覆盖内基站有足够的功率分配给各移动台。

下行链路预算需要确定导频信道和业务信道的功率，公式分别如下：

$$\frac{\delta_{\text{pilot}} P_{\text{host}}}{FN_{\text{th}}W + P_{\text{host}} + P_{\text{other}}} \geqslant d_{\text{pilot}} \tag{7-22}$$

$$\frac{g\delta_{\text{traffic}} P_{\text{host}}}{FN_{\text{th}}W + \xi P_{\text{host}} + P_{\text{other}}} \geqslant d_{\text{traffic}} \tag{7-23}$$

δ_{pilot}、δ_{traffic} 分别为导频信道和单条业务信道占基站总发射功率的比例；F 为移动台处的噪声系数；N_{th} 为移动台处的热噪声功率谱密度；W 为扩频带宽；P_{other} 为用户接收到的其他小区总功率；ξ 为小区内各个业务信道间的正交因子；P_{host} 为用户接收到的本小区总功率；

$$P_{\text{host}} = P_{\text{T}} - L_{\text{all}} \tag{7-24}$$

式中，P_{T} 为基站平均发射功率，L_{all} 为从基站发射机到移动台接收机之间总的增益损耗；d_{pilot}、d_{traffic} 分别为导频信道所需的 E_c/I_o 和业务信道所需的 E_b/N_t，其中 E_c/I_o 为导频信道每个码片的能量与移动台接收到的总的功率谱密度之比。

定义其他小区的干扰因子为：

$$\beta = \frac{P_{\text{other}}}{P_{\text{host}}} \tag{7-25}$$

对于靠近小区边缘的移动台，这个值取 β = 2.5dB 作为下行链路估算中的最坏情况。

系统参数、基站发射机参数、移动台接收机参数、余量参数、链路传播模型参数如表 7-5～表 7-9 所示。

表 7-5　系统参数

	AMR12.2K	CS64K	PS64K
信息速率/bps	12.2	64	64
系统速率/kbps	3840	3840	3840

表 7-6　基站发射机参数

	AMR12.2K	CS64K	PS64K
单业务最大发射功率/dBm	30	33	33
基站馈损（dB/百米）	4	4	4
基站馈缆长度/m	50	50	50
基站馈损/dB	2	2	2
跳线及避雷器损耗	1	1	1
基站天线增益/dBi	20	20	20
基站 EIRP/dBm	47	50	50

表 7-7　移动台接收机参数

	AMR12.2K	CS64K	PS64K
热噪声密度（dBm/Hz）	−174	−174	−174
接收机噪声系数/dB	8	8	8
接收机噪声密度（dBm/Hz）	−166	−166	−166
接收机噪声功率/dBm	−100.16	−100.16	−100.16
正交化因子	0.90	0.90	0.90
小区干扰因子	0.65	0.65	0.65
其他用户影响/dB	1.83	2.62	2.39
E_b/N_o	7.6	6.2	5.5
处理增益/dB	25.0	17.8	17.8
接收机灵敏度/dBm	−115.7	−109.1	−110.0
移动台天线增益/dBi	0	0	0
连接器及合成器损耗	1	1	1
人体损耗	3	0	0
快衰落储备/dB	4	4	4
最大路径损耗/dB	154.7	154.1	155.0

对于表 7-7，有以下几点值得注意：

（1）下行链路总增益损耗：

总的增益损耗＝基站发射端馈线、连接器损耗－基站天线增益+
路径损耗－移动台天线增益+移动台连接器损耗+
阴影衰落余量－软切换增益+人体损耗+贯穿损耗

（2）干扰功率

在下行链路，移动台接收到的总干扰功率包括本小区的干扰功率、其他小区基站的干扰功率及移动台自身的噪声功率。对于导频信道，由于解调导频信道时业务信道还无法解调，因此接收到的本小区功率都是干扰功率。对于业务信道，由于前向信道通过 Walsh 码正交，并经过了信道的解调，所以理想情况下，来自本小区的干扰功率为 0，但是由于无线环境中多径的存在，使得各个码信道之间不再正交，而且单个码信道的多径信号也带来干扰，所以对于下行链路，来自本小区的干扰功率为接收到的本小区总功率乘以正交因子。

表 7-8　下行链路余量参数

	AMR12.2K	CS64K	PS64K
覆盖概率	98%	98%	98%
对数正态衰落标准差/dB	8	8	8
相对应的边缘覆盖概率	93%	93%	93%
软切换增益/dB	3	3	3
对数正态衰落储备/dB	11.84	11.84	11.84
贯穿损耗/dB	20	20	20
最大允许路径损耗/dB	125.9	125.3	126.2

表 7-9　下行链路传播模型 COST231HATA 参数

	AMR12.2K	CS64K	PS64K
基站高度(Hb/m)	30	30	30
射频频率/MHz	2140	2140	2140
K_1	36.55	36.55	36.55
K_2	33.9	33.9	33.9
K_3	−13.82	−13.82	−13.82
K_4	54.52	54.52	54.52
K_5	−6.55	−6.55	−6.55
b	129.0372112	129.0372112	129.0372112

习　题

1．查阅资料，综述 WCDMA 上下行链路预算各参数。

第 8 章　频率规划与干扰控制

蜂窝结构是移动通信的一大特点，是美国贝尔实验室于 20 世纪 60 年代提出的，它把空间区域划分为若干互不重叠的小区，利用信号功率随传播距离衰减的特点，在不同的空间位置上重复使用频率（频率复用），提高频谱利用率，增加系统容量，使有限的频谱资源得到充分利用。同时，多址和信道复用技术也导致邻频、同频干扰，降低通信质量，复用系数越大，通信质量降低越多。因此，采用合适的频率复用策略将干扰控制在一定限度内，同时提高系统容量，是蜂窝通信的一大热点。常见的干扰控制策略有小区规划、功率控制、频率规划等，其中，小区规划主要从路径损耗层面控制干扰，功率控制主要通过小区间功率协调控制干扰，二者都需要在技术层面实现，频率规划则通过频率复用策略规避或减小干扰，是本章着重讨论的重点。本章首先介绍蜂窝系统基本概念，包括蜂窝小区、多址技术、信道复用、无线区簇及干扰模型和系统容量计算，然后介绍几种基本的及新型的频率复用技术。

8.1　蜂窝系统基本概念

8.1.1　蜂窝小区、多址技术、信道复用及无线区簇

蜂窝结构是美国贝尔实验室于 20 世纪 60 年代提出的，它把空间区域划分为若干互不重叠的小区，利用信号功率随传播距离衰减的特点，在不同的空间位置上重复使用频率（频率复用），提高频谱利用率，增加系统容量，使有限的频谱资源得到充分利用。

多址技术是指实现小区内多用户之间及小区内外多用户之间通信地址识别的技术。该技术通过对不同用户和基站发出的信号赋予不同特征，使得通过同一个基站通信的多用户被基站识别，或者，各用户能识别出基站发出的信号中哪一个是发给自己的信号。当传输信号以载波频率的不同来区分信道建立多址接入时，称为频分多址。

当传输信号以存在时间的不同来区分信道建立多址接入时，称为时分多址。当传输信号以码型不同来区分信道建立多址接入时，称为码分多址。

信道复用技术是在多址技术基础上形成的，该技术将系统信号划分成正交或非正交信道（包括频率、时间、码型等），再将这样得到的信道指派给不同的信道集合，每个小区分配一个信道集，不同的小区可以使用相同信道集，如图 8-1 所示。

使用一个信道集的小区集合称为一个无线区簇。无线区簇必须满足：（1）无线区簇应能够彼此相邻接；（2）相邻无线区簇内任意两个同频复用区中心距离应该相等。无线区簇的半径也即同频复用半径及所包含的小区数，决定了用户载干比也即通信质量及小区容量，是小区涉及的关键内容，计算方法如下。

考虑正六边形小区，如图 8-1 所示，以小区 A 为原点（0,0），每个小区的位置为（i,j），从小区 A 出发，沿 u 轴移动 i 小区，再逆时针旋转 60°，再沿 v 轴移动 j 小区，则为（i,j）小区，若小区半径为 R，则相邻小区距离为 $\sqrt{3}R$，由图中的三角形关系可以得到小区（i,j）与小区 A 距离 D 为：

$$D=\sqrt{3}R\sqrt{i^2+ij+j^2} \tag{8-1}$$

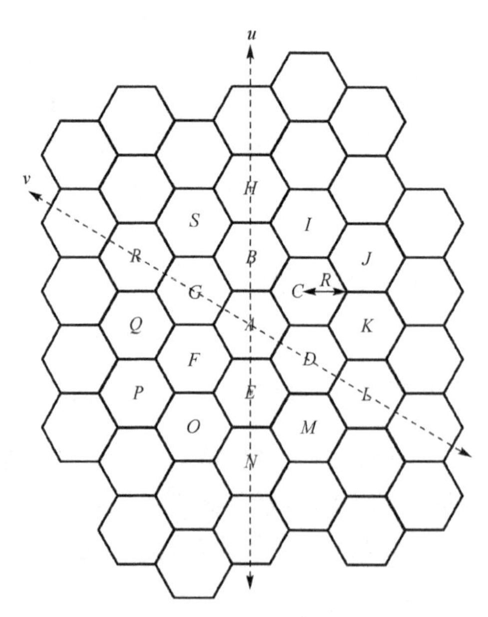

图 8-1　正六边形小区复用距离坐标图

遵循此分布的无线区簇含有的基站数目 N 为：

$$N=i^2+ij+j^2 \tag{8-2}$$

定义 $q = D/R$ 为同频复用距离保护系数（或称为同信道干扰衰减因子）：

$$q = \frac{D}{R} = \sqrt{3N} \tag{8-3}$$

可见，q 描述了频率复用程度，q 越大，复用度越低，q 与小区数 N 之间呈比例关系，为了更直接地描述复用度，人们定义频率复用系数或频率复用因子为区簇中小区的个数典型值为 1、4、7、12，需要特别指出的是，有的文献也将频率复用因子定义为小区簇大小的倒数，本书中取倒数定义。

8.1.2　干扰模型与系统容量

在干扰受限系统中，用户误码率取决于载干比 SIR，载干比 SIR 取决于干扰。蜂窝小区的干扰包括同频干扰和邻道干扰，同频干扰由不同区簇（主要是相邻区簇）中使用同一频率的基站产生，邻道干扰由使用不同频率的基站（主要是同一区簇中）产生。

不同的多址技术有不同的干扰模式。理想情况下，频分、时分是正交多址方式，不存在邻道干扰，只存在同道干扰，但多径衰落、同步抖动等常引起非正交，产生邻道干扰，不过，该现象一般不考虑，同时 FDMA/TDMA 网络的同频干扰较严重，使用相同信道的小区要隔开几个小区。CDMA 是非正交多址技术，须同时考虑小区内（邻道）和小区外（同道）干扰，同时，由于各基站码字传输不同步，码字的自相关减弱了小区间干扰，CDMA 的同频复用系数可以达到 1。

1. FDMA/TDMA 系统容量

首先计算 N-复用无线区簇下的载干比。电波传输特性采用如下通用模型：

$$\mathrm{PL} = k_1 + k_2 \lg d + k_3 \lg H_{\mathrm{eff}} + k_4 \lg d \lg H_{\mathrm{eff}} + k_5 + k_6 + k_7 D_{\mathrm{iff}} \tag{8-4}$$

式中，k_1 是由频率决定的自由衰减常数，k_2 是距离衰减常数，k_3 是天线增益，k_5 是人为环境的修正因子，k_6 为地物修正因子，k_7 为绕射损耗因子，H_{eff} 是天线等效高度，D_{iff} 是建筑物高度。对于理想蜂窝系统，假定各小区发射功率一致，天线有效高度相同，忽略绕射损耗，可以得到载干比如下：

$$\begin{aligned}\frac{C}{I} &= \frac{C}{\sum_{k=1}^{M} I_k} = \frac{10^{(P_t-\mathrm{PL})/10}}{\sum_{k=1}^{M} 10^{(P_t-\mathrm{PL}_k)/10}} = \frac{10^{-\mathrm{PL}/10}}{\sum_{k=1}^{M} 10^{-\mathrm{PL}_k/10}} \\ &= \frac{10^{-\mathrm{PL}/10}}{\sum_{k=1}^{M} 10^{-\mathrm{PL}_k/10}} = \frac{10^{-(k_2+k_4 \lg_{\mathrm{Heff}})\lg d/10}}{\sum_{k=1}^{M} 10^{-(k_2+k_4 \lg_{\mathrm{Heff}})\lg d_k/10}}\end{aligned} \tag{8-5}$$

令$k_2' = k_2 + k_4 \lg H_{\text{eff}}$，$d$为小区半径 R，d_k为各干扰源至本小区的传播距离 D。从图 8-1 中可以看出，每个小区周围总有 M 个最强的干扰源，有 $2M$ 个次强干扰源。

$$\begin{aligned}\frac{C}{I} &= \frac{10^{-k_2' \lg R/10}}{\sum_{k=1}^{M} 10^{-k_2' \lg D/10} + \sum_{k=1}^{2M} 10^{-k_2' \lg 2D/10}} \\ &= \frac{R^{-k_2'/10}}{MD^{-k_2'/10} + 2M(2D)^{-k_2'/10}}\end{aligned} \tag{8-6}$$

令$\gamma = \frac{k_2'}{10}$，$q = \frac{D}{r}$，则

$$\frac{C}{I} = \frac{R^{-\gamma}}{MD^{-\gamma} + 2M(2D)^{-\gamma}} = \frac{q^{-\gamma}}{M + \frac{2M}{2^{\gamma}}} \tag{8-7}$$

忽略第二圈的次强干扰源对干扰的贡献

$$\frac{C}{I} = \frac{q^{-\gamma}}{M} \tag{8-8}$$

式中，复用距离保护系数 q 一般是 N 的函数，例如，在图 8-1 中，$q = \sqrt{3N}$，$M = 6$，$\frac{C}{I} = 0.156(3N)^{\frac{\gamma}{2}}$，可见，载干比随 N 的增大而增大。

对于载干比，由于移动台接收到的信号要受瑞利快衰落和高斯慢衰落的影响，不论是信号还是干扰，到达移动台时，其场强瞬时值和中值都是随机变量，同频干扰、载干比都是随机变量。根据 CCIR740-2 报告，1979 年法国提出在多径衰落服从瑞利分布、阴影衰落服从高斯分布时，同频干扰概率为：

$$P(C/I \leqslant B) = \frac{1}{\pi} \int_{-\infty}^{+\infty} \frac{\exp\{-u^2\}}{1 + 10^{(C-I-B-2\sigma u)/10}} \mathrm{d}u \tag{8-9}$$

式中，u 为积分变量，σ 为信号和干扰的标准偏差，$\sigma = \sigma_{\text{C}} - \sigma_{\text{I}}$，$B$ 为同频干扰保护比，定义在接收机输出端有用信号达到规定质量的情况下，在接收机输入端测得的有用射频信号和无用射频信号之比的最小值，通常用 dB 表示。

不失一般性，取 $\sigma = 6$，干扰概率= 0.1，查表可以得到，GSM 网络要求同频干扰保护比 B 不小于 9dB，工程上一般取 B = 12dB，因此，在理想干扰模型下计算出的载干比必须大于：9(12)+12=21dB(24dB)。一般工程上常采用以下指标：同频干扰保护比 $C/I \geqslant$ 9dB，邻频干扰保护比 $C/I \geqslant$–9dB，400kHz 邻频保护比 $C/I \geqslant$–41dB。

结合式（8-8）和式（8-9），即可算出系统容量。

系统容量定义为系统能够同时支持的最大激活用户数。假设系统总带宽为 B，信道带宽为 B_c，每区群用户数为 N，则容量 C_u 为

$$C_u = \frac{B}{NB_c} \tag{8-10}$$

2．CDMA 系统容量

首先考虑一般扩频系统的载干比

$$\frac{C}{I} = \frac{R_b E_b}{N_0 B_c} = \frac{\dfrac{E_b}{N_0}}{\dfrac{B_c}{R_b}} \tag{8-11}$$

式中，R_b、E_b 分别是信息比特速率和信息比特能量，N_0、B_c 分别是噪声功率谱密度和总带宽，$G = \dfrac{B_c}{R_b}$ 是扩频系统处理增益。

对于 CDMA 蜂窝系统，小区内外总干扰为

$$I = \frac{\xi}{3G}\left(\sum_{i=1}^{N} P_i d_i^{-r} + \sum_{j=1}^{MN} P_j d_j^{-r}\right) \tag{8-12}$$

$$\frac{C}{I} = \frac{P_r d^{-\gamma}}{\dfrac{\xi}{3G}\left(\sum_{i=1}^{N} P_i d_i^{-r} + \sum_{j=1}^{MN} P_j d_j^{-r}\right)} \tag{8-13}$$

在功率控制技术下，假定 $P_r = P_I d^{-\gamma}$，令

$$\lambda = \frac{\sum_{j=1}^{MN} P_j d_j^{-r}}{(N-1)P_r} \tag{8-14}$$

则

$$\frac{C}{I} = \frac{1}{\dfrac{\xi}{3G}(N-1)(1+\lambda)} \tag{8-15}$$

系统容量

$$C_u = 1 + \frac{1}{\dfrac{\xi}{3G}(1+\lambda)C/I} \tag{8-16}$$

8.2 频率复用技术

8.2.1 分组频率复用技术

以 GSM 系统为例，蜂窝移动通信系统采用的频率复用结构有 4×3、3×3、2×6 等多种。所谓的分组频率复用，是把有限的频率分成若干组，依次形成一簇频率分配给相邻小区使用。GSM 系统中常采用“4×3”复用方式把频率分成 12 组，并轮流分配到 4 个站点，即每个站点可用到 3 个频率组，也即 4 基站 3 扇区模式，每区簇包含 12 个小区，该复用方式复用距离大，能够满足同频干扰保护比和邻频干扰保护比要求，如图 8-2 所示。令蜂窝六边形边长为 1，可以得到干扰模型：

$$\frac{C}{I}(\text{dB}) = 10\lg\frac{2^{-3.52}}{8^{-3.52} + 2(7.2)^{-3.52}} = 18\text{dB} \tag{8-17}$$

减去 6dB 余量，正好满足同频干扰要求。

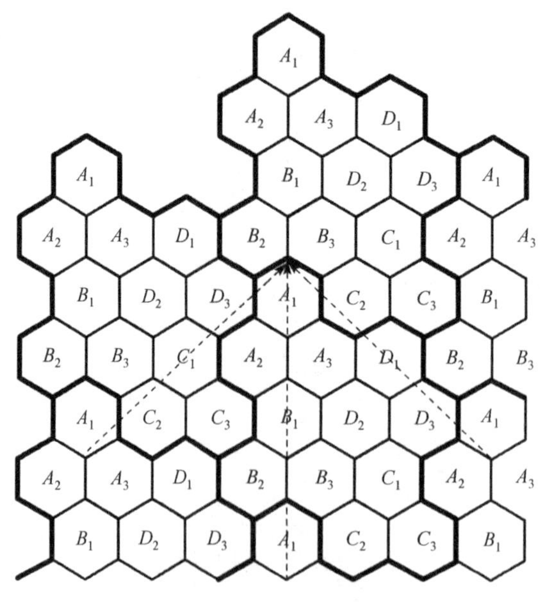

图 8-2　4×3 复用模式

假设有 27 个频点，则可以采用最大 3/3/3/2 站型，频率分配如表 8-1 所示。

表 8-1　4×3 复用模式频率分配方案

	A_1	B_1	C_1	D_1	A_2	B_2	C_2	D_2	A_3	B_3	C_3	D_3
1	1	2	3	4	5	6	7	8	9	10	11	12
2	13	14	15	16	17	18	19	20	21	22	23	24
3	25	26	27									

另一种常见的是 3×3 复用技术，如图 8-3 所示。

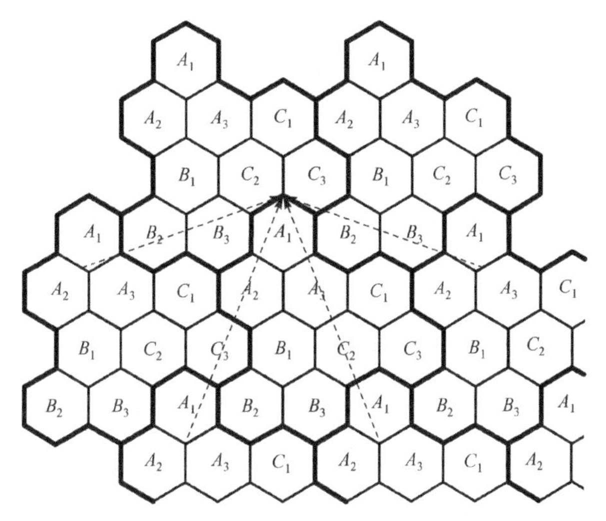

图 8-3　3×3 复用模式

令蜂窝六边形边长为 1，可以得到干扰模型如下：

$$\frac{C}{I}(\text{dB}) = 10\lg\frac{2^{-4}}{2(7)^{-4} + 2(5.57)^{-4}} = 13.3\text{dB} \tag{8-18}$$

还有一种常见的复用方式为 1×3，如图 8-4 所示。

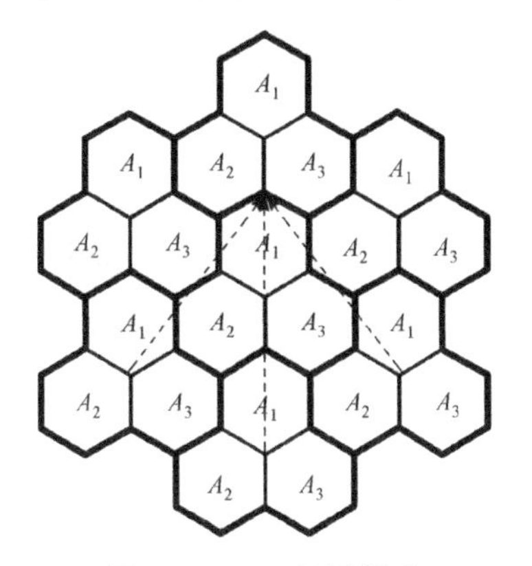

图 8-4　1×3 复用模式

令蜂窝六边形边长为 1，可以得到干扰模型如下：

$$\frac{C}{I}(\text{dB})=10\lg\frac{2^{-4}}{5^{-4}+2(4.36)^{-4}}=9.43\text{dB} \qquad (8\text{-}19)$$

从以上三种复用方式可以看出，复用系数越小，同频干扰越大，载干比越低，通信质量越差，但系统容量越大。提高系统容量与保证通信质量是互相矛盾的，需要优化解决。目前提出的新型频率复用方式有部分分数频率复用和软分数频率复用等。

8.2.2 新型频率复用技术

1．多重频率复用 MRP

MRP 技术（Multiple Reuse Pattern）将整段频率划分为相互正交的控制信道（如 GSM 系统的 BCCH）频段和若干业务信道（如 GSM 系统中的 TCH）频段，每一段载频作为独立的一层。不同层的频率采用不同的复用方式，频率复用逐层紧密。例如，GSM 中的 BCCH 信道控制移动台接入、切换等，使用 4×3 或更高的复用系数，以保证 BCCH 信道质量；而业务信道则使用相对紧密的复用方式。

2．同心圆（Concentric Cell）技术

所谓同心圆，就是将普通的小区分为两个区域：外层及内层，又称顶层（Overlay）和底层（Underlay）。外层的覆盖范围是传统的蜂窝小区，而内层的覆盖范围主要集中在基站附近。外层一般采用传统的 4×3 复用方式，而内层则采用更紧密的复用方式，如 3×3、2×3 或 1×3。因此所有载波信道被分为两组，一组用于外层，一组用于内层。这种结构中，外层与内层不仅共站址，而且公用一套天线系统、公用同一个 BCCH 信道，且公共控制信道必须属于外层信道组。

根据同心圆的实现方式不同，可分为普通同心圆和智能双层网。普通同心圆内层的发射功率一般要低于外层功率，从而减小覆盖范围，提高距离比，保证同频干扰的要求。普通同心圆内和外层间的切换一般是基于功率和距离的。智能双层网的内层（因为频率采用更紧密的复用方式，因此通常此层为超级层）发射功率与外层（通常称为常规层）是完全相同的，切换算法是基于 C/I 的，因此，可以根据信道条件自适应切换。

3．小区分裂技术

移动通信网初期，各小区大小相等，容量相同，随着城市建设和用户数的增加，

用户密度不再相等。为了适应这种情况，在高用户密度地区，将小区面积划小，或将小区中的基站全向覆盖改为定向覆盖，使每个小区分配的频道数增多，满足话务量增大的需要，这种技术称为小区分裂。小区分裂时需保持复用系数 q 不变，缩小小区半径 R，因此，复用距离 D 也减小，因此，小区分裂的方法使有限的频谱资源通过缩小同频复用距离，增大单位面积的波道数，增大系统容量。

小区分裂的方法有两种。

（1）在原基站上分裂。在原小区的基础上，将中心设置基站的全向覆盖区分为几个定向天线的小区。为了支持从无方向性天线到扇形分区和小区分裂的过渡，在建立无方向性天线辐射前必须有一个频率分配计划，使可能在不改变现有系统频道分配、无须关闭、增设系统和重新调谐组合器和收发信机的情况下，通过增设频道使服务区容量增加。在原基站上分裂的优点：①增加了小区数目，却不增加基站数量；②重叠区小，有利于越区切换；③利用天线的定向辐射性能，可以有效地降低同频干扰；④减小维护工作量和基站建设投资。

（2）增加新基站的分裂。将小区半径缩小，增加新的蜂窝小区，并在适当的地方增加新的基站。此时，原基站的天线高度适当降低，发射功率减小。在总频率不增加的情况下，小区分裂使原小区范围内的使用频道数增加，以增大系统容量和容量密度。一般来说，分裂出新的小区半径只有原小区的一半。

$$\text{新小区半径}=\text{旧小区半径}/2 \tag{8-20}$$

$$\text{新的小区覆盖面积}=\text{旧的小区覆盖面积}/4 \tag{8-21}$$

令每个新的小区与旧小区有相同的最大业务负载，则在理论上可得：

$$\text{新的业务量}/\text{单位区域}= 4\times\text{旧的业务量}/\text{单位区域} \tag{8-22}$$

因此蜂窝分裂与增加用户的容量是 4 倍关系。

4．部分分数频率复用和软分数频率复用

在第一代移动通信系统 AMPS 和第二代移动通信系统 GSM 中，小区的频率复用策略采取的是在相邻的小区分配不同频段，其频率复用因子通常为整数（如 3、7、12 等），使得每个小区的可用频率分别是其总频率的 1/3、1/7、1/12 等，第三代移动通信系统因其采用码分多址（CDMA）技术，小区之间不需要做频率协调。在第四代移动通信系统中，因其广泛采用正交频分复用（OFDM）技术，小区内的子载波相互正交，有效避免了小区内干扰，而同频子载波在小区间的复用将会带来较严重的小区间干扰问题，这种小区间干扰可以通过小区间功率、频率协调来实现。3GPP 及 3GPPZ 组织

给出了众多的频率复用方案，其中，Qualcomm、华为等提出了分数频率复用（FFR）和软分数频率复用（SFR）的概念。

分数频率复用（FFR）和软分数频率复用（SFR）的基本原理是根据用户分布，将用户分为小区中心用户和小区边缘用户，对小区边缘用户和小区中心用户分别采取不同的复用策略，即将全部可用频率分为两组，一组供小区中心用户使用，另一组供小区边缘用户使用，其中，用于小区中心的频率其复用系数为 1，且使用较小发射功率；用于小区边缘的频率其复用系数为 1/3，使用较大发射功率。

分数频率复用（FFR）和软分数频率复用（SFR）技术的关键是如何动态分配小区边缘频率，目前采用的方法有基于图论的几何法、代数解析法、基于可拓集合或模糊数学的分析法等。

习　题

1. 蜂窝移动通信的小区簇是如何组成的？同频复用保护距离、复用系数有什么关系？如何计算？

2. 试述正六边形蜂窝系统，复用系数为 1/7 时 TDMA/FDMA/CDMA 的干扰模式。

3. 查询资料，综述基于图论的频率复用策略。

4. 查询资料，综述基于可拓理论的频率复用策略。

5. 查询资料，分析多用户 MIMO/OFDM 系统的干扰模型。

6. 查询资料，综述多用户 MIMO/OFDM 系统中功率控制结合频率规划的抗干扰措施。

第9章　蜂窝移动网络优化

蜂窝移动网络部署之后，由于各种因素变化，如无线环境、业务需求，以及规划不完善，导致网络容量、质量等难以达到要求，需要进行网络优化，网络优化可以在系统外部进行，也可以在系统内部进行。本章从无线网络优化的基本定义、目标、内容及基本过程、数据采集等方面对无线网络优化进行概述，然后讲述覆盖、容量的外部优化，并给出优化案例，最后给出了一种系统内部优化方法——基于功率协调的LTE小区容量提升方法。

9.1　蜂窝移动网络优化概述

9.1.1　无线网络优化目标

无线网络优化是通过对现已运行的移动通信网络进行业务数据分析、测试数据采集、参数分析、硬件检查等手段，找出影响网络质量的原因，通过参数的修改、网络结构的调整、设备配置的调整和采取某些技术手段，确保系统高质量地运行，使现有网络资源获得最佳效益，以最经济的投入获得最大的收益。

由于移动通信网是一个不断变化的网络，网络结构、无线环境、用户分布和使用行为都是不断变化的，因此，蜂窝移动网络优化是必要的。同时，网络规模的扩张、网络覆盖规划规模的复杂化、网络话务模型和业务模型的改变都会导致网络当前的性能和运行情况偏离最初的设计要求，这些都需要通过网络优化来持续不断地对网络进行调整，以适应各种变化。另外，移动规划中小区参数的变化，也是导致网络需要优化的原因之一。在网络运营过程中常常会出现以下问题：

（1）接受网络服务的用户群及其需求随着经济和社会的发展而动态变化，使得网络需要不断调整优化，以寻求最佳工作模式；

（2）网络需提供大量而丰富的多媒体业务，不同种类业务的资源消耗量不能简单通过爱尔兰描述，需要根据业务发展变化来调整和优化网络；

（3）在网络规划阶段采用的观察方法不能充分正确地分辨用户和环境，如用户分布、传播模型等，不确定因素使得简化模型难以准确反映网络实际性能；

（4）客观制约，如物业、无线网络分散分布的特点，难以保证所有基础设施如基站、天线等符合规划方案，不仅影响网络覆盖性能，同时还影响容量和质量；

（5）规划阶段的实验室测试环境不足以彻底揭示技术本身引入的问题，设备参数及其组合需要工程技术人员在实践中调整和设置，时变开放信道也使得蜂窝移动网络的接入系统必须随时调整和优化。

因此，在蜂窝网络部署之后进行优化，具有非常重要的意义。网络优化工作是一项长期的持续性的系统工程，需要不断探索，积累经验。只有解决好网络中出现的各种问题，优化网络资源配置，改善网络的运行环境，提高网络的运行质量，才能使网络运行在最佳状态，为移动通信业务的迅猛发展提供有力的技术支持与网络支撑。

网络优化要达到以下目标：网络优化成本尽可能低，业务覆盖情况尽可能好，网络有效容量尽可能最大，网络有效容量尽可能最大，网络提供业务质量尽可能最优，网络未来可升级的潜力最大。

9.1.2 蜂窝移动网络优化内容及过程

蜂窝移动网络优化内容主要包括以下几个方面。

（1）硬件系统优化。包括：天馈系统优化，主要指天馈系统的性能，天线的方向、架高、下倾角和方向角，以及周围障碍物等方面的优化；传输系统优化，主要指传输方式、错误连接和差错率等方面的优化；设备故障优化，主要指各类告警和时钟偏移等方面的优化。

（2）参数优化。包括：BSS 参数优化，主要指小区参数、切换参数、接入参数、功率控制参数和各类定时器等参数的优化；MSC 参数优化，主要指路由数据、定时器、切换参数、功能选用数据和录音通知数据等参数的优化。

（3）网络结构优化。包括：多层、多频网络使用策略，网络容量均衡策略和位置区划分等方面的优化。

（4）PN 优化。包括：导频 PN 污染分析和外部干扰源处理等方面的优化。

（5）邻区优化。包括：邻集列表优化、控制合理邻区数量及结合实际情况调整邻区参数等方面的优化。

（6）容量优化。包括：合理控制系统负荷和结合阻塞率等指标调整资源配置等方面的优化。

网络优化的流程可分为局部优化和全网优化。局部优化流程如图 9-1 所示，全网优化流程如图 9-2 所示。

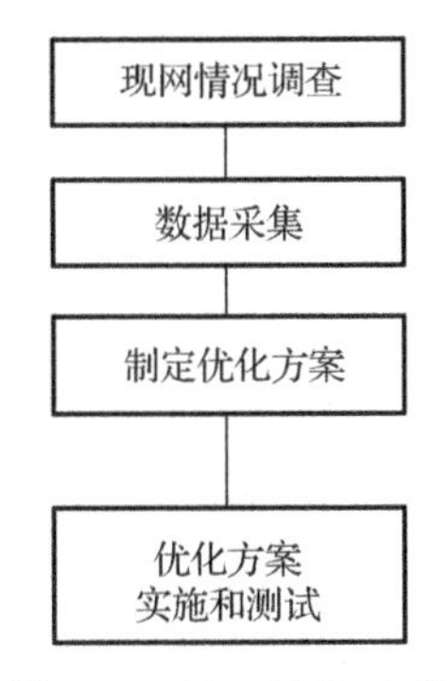

图 9-1　局部优化流程

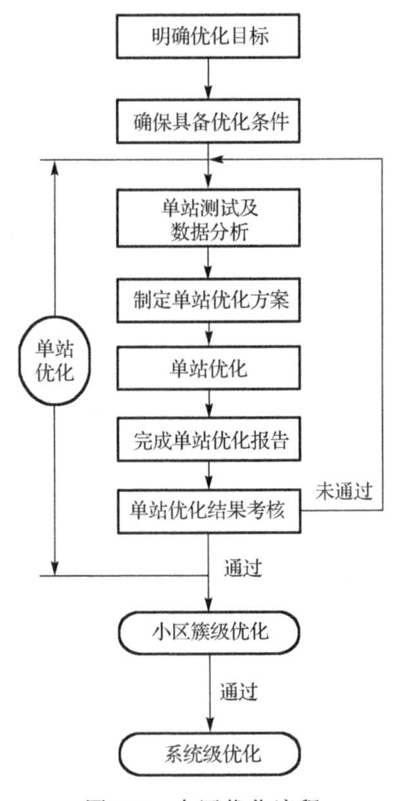

图 9-2　全网优化流程

网络优化整个过程可以分为工程优化和运维优化两个阶段。工程优化在单站验证完成后进行，主要通过路测、定点测试的方式，结合天线调整，邻区、频率、扰码和基本参数优化提升网络 KPI 指标的过程。工程优化又分为日常网络优化和系统网络优化：日常网络优化主要是工程技术人员根据测试数据现场进行局部；系统网络优化主要是基于专家系统进行全网优化。运营优化又分为专题网络优化和无线网络平台优化，例如，接入专题、掉话专题，OMJC 平台优化。

9.1.3 蜂窝移动网络优化数据采集

网络优化所需采集的数据大体可分为网络测试数据和系统数据两类。网络测试数据主要是指通过进行网络测试采集到的各种测试结果，包括 DT 测试数据、CQT 测试数据、OMC 话务统计数据和用户投诉处理记录等。系统数据主要是指系统本身的一些参数，包括基站工程参数、天线参数和各种技术参数等。

1．网络测试数据

（1）DT 测试（Drive Test）通常也称为路测，是在行驶中的测试车上借助专门的采集设备来对移动台的通信状态、收发信令和各项性能参数进行记录的一种测试方法；是进行网络性能评估、网络故障定位和网络优化时必不可少的测试手段。

（2）CQT 测试（Call Quality Test）通常也称为拨打测试，是通过人工拨打电话并对通话的结果和主观感受进行记录和统计的一种测试方法。

（3）OMC 话务统计数据采集是指在 OMC 设备上采集全网的话务统计数据，主要包括：长途来话接通率、话音接通率、信道可用率、掉话率、拥塞率、切换成功率和话务量等。

（4）信令采集等其他数据采集，包括各接口的信令仪表跟踪测试数据等。

（5）用户投诉处理记录。

2．系统数据

除测试数据外，进行网络优化还需要大量系统数据的支持。

（1）基站工程参数：基站名称、编号、位置、站型、设备型号、工程情况和机房配置等；

（2）基站技术参数：PN 分配、邻区列表、信道分配、功率分配、注册参数、接入和寻呼参数、切换参数、搜索窗参数、功率控制参数和各定时器等；

（3）天线参数：天线型号、挂高、增益、方位角、下倾角（电子或机械）、驻波比、水平和垂直方向增益图、馈线型号和长度及接头类型等；

（4）其他系统运维数据：故障告警信息等。

这些系统数据主要用来为网络故障准确定位和制定网络优化措施提供参考，因而也是十分重要的。在工程建设和初期调测过程中就应该加强系统数据的收集和验证工作，网络运营者对收集来的这些数据应建立数据库进行保存维护，并在网络优化调整前后和新增基站时及时进行更新。

9.2　蜂窝移动网络覆盖优化

无线网络部署后可能出现覆盖空洞、弱覆盖、越区覆盖、过覆盖等问题，应采用不同的优化措施解决，下面分别介绍。

覆盖空洞是指在连片站点中间出现的完全没有信号的区域。一般的覆盖空洞都是由于规划的站点未开通、站点布局不合理或新建建筑导致的。最佳的解决方案是增加站点或使用RRU，其次是调整周边基站的工程参数和功率来尽可能解决覆盖空洞，最后是使用直放站。对于隧道，优先使用直放站或RRU解决。

弱覆盖一般是指有信号，但信号强度不能够保证网络能够稳定地达到要求的KPI的情况。弱覆盖区域一般伴随有UE的呼叫失败、掉话、乒乓切换及切换失败。对于弱覆盖问题，首先确定弱覆盖区域位置和面积，确定造成弱覆盖的原因，制订弱覆盖优化方案，综合考虑通过天线调整、功率调整、引入直放站、增加新站和建设室内分布系统加强室内覆盖等增强覆盖的方法，解决弱覆盖问题。

越区覆盖是指一个小区的信号出现在其周围一圈邻区以外的区域，并且信号很强时（车外大于−85dBm，车内大于−90dBm）。如果产生越区覆盖的区域周围在地理上没有邻区，称之为“孤岛”。如果移动台在此区域移动，由于没有邻区，移动台无法切换到其他的小区导致掉话发生。越区覆盖一般可以采用降低越区信号的信号强度的方法降低，具体措施有增大下倾角、调整方位角、降低发射功率等方式。降低越区信号时，需要注意测试该小区与其他小区切换带和覆盖的变化情况，避免影响其他地方的切换和覆盖性能。在覆盖不能缩小时，可以采用增强该点距离最近小区的信号并使其成为主导小区的方法。在上述两种方法都不行时，再考虑规避方法。

过覆盖是指网络中存在着过度的覆盖越区现象，表现为主控小区的导频信号过强，超过本小区的覆盖范围，给其他小区带来严重的干扰，给网络带来严重的导频污染问题，引起掉话。引起过覆盖问题的原因一般分为高站越区、无线环境导致的越区和相邻扇区间越区三类问题。解决过覆盖问题要在保证本小区的正常覆盖范围的基础上，控制本小区合理的覆盖区域，通过适当地调整天线方位角、下倾角和高度控制基站的合理覆盖区域，避免越区现象的发生，特别是高站必须加大下倾角控制其影响范围，如果上述天线调整方法依然不能有效地解决问题，则需要考虑更换天线类型。

导频污染是 CDMA 网络新引入的问题，在采用了 MIMO 技术的 4G 和大规模 MIMO 的 5G 技术中，尤其严重。导频污染可定义为：某点接受到的强导频信号数量超过了激活集的定义的数目，使得某些强导频不能加入到 UE 的激活集，因此终端不能有效地利用这些信号，这些信号就会对有效信号造成严重的干扰，即在接收地点存在过多的强导频。也可定义为：某点测试得到的各个导频信号强度较高，但是导频 E_c/I_o 都很差，没有主导频，终端无法接入系统。导频污染是由于覆盖混乱造成的。

导频污染对网络性能的影响主要表现如下。

（1）呼通率降低。在导频污染的地方，由于手机无法稳定驻留于一个小区，不停地进行服务小区重选，在手机起呼过程中会不断地更换服务小区，易发生起呼失败。

（2）掉话率上升。出现导频污染的情况时，由于没有一个足够强的主导频，手机通话过程中，乒乓切换会比较严重，导致掉话率上升。

（3）系统容量降低。导频污染的情况出现时，由于出现干扰，会导致 Node B 接收灵敏度要求的提升。距离基站较远的信号无法进行接入，导致系统容量下降。

（4）高 BLER。导频污染发生时会有很大的干扰情况出现，这样会导致 BLER 提升，导致话音质量下降，数据传输速率下降。

导频污染的产生有以下几点原因：

（1）小区布局不合理；

（2）基站选址或天线挂高太高；

（3）天线方位设置不合理；

（4）天线下倾角设置不合理；

（5）导频功率设置不合理；

（6）覆盖目标地理位置较高。

导频污染检测和优化流程图如图 9-3 所示。

解决导频污染有以下几种方法。

（1）天线调整

根据实际测试的情况，通过调整天线的方位角、下倾角、位置、波束赋形宽度改变污染区域的各导频信号强度，提升有用导频信号强度即提高 E_c，降低干扰导频信号

强度即降低 I_0，从而改变导频信号在该区域的分布状况，进而解决导频污染问题。由于单个天线的下倾角可调整的范围有限，因此通常会同时调整多个小区的下倾角，并且通过方位角调整满足要求。

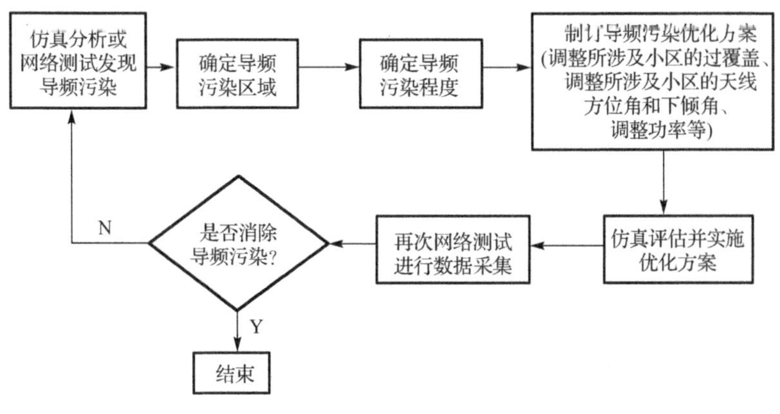

图 9-3　导频污染检测和优化流程图

（2）功率调整

导频污染是由于多个导频共同覆盖造成的，解决该问题的一个最直接的方法是提升有用小区的导频功率，降低无用小区的导频功率，形成一个主导频。但调整了小区的发射功率，使被调整的小区及周围小区的覆盖情况都发生了一定的变化，如：增加导频功率，同步信道和寻呼信道的功率会相应地增加，业务信道的功率会因此而降低；降低导频功率，信号的穿透力会明显减弱，小区覆盖范围变小，影响网络的覆盖；因此在解决导频污染问题后，一定还要充分考虑调整方案对系统覆盖的影响。

（3）增加或者减少基站

（4）其他方法

在某些导频污染严重的地方，可以考虑采用单通道 RRU 来单独增强该区域的覆盖，使得该区域只出现一个足够强的导频。

9.3　蜂窝移动网络容量优化

蜂窝移动网络中影响网络容量的因素很多，如覆盖、干扰、业务等，这里主要讲述由于业务增长引起的容量瓶颈和相关优化措施，以及由于干扰导致的容量下降和相关优化措施。

9.3.1 业务量过载及优化措施

1. 小范围或者个别小区的业务量过载

在移动网络发展中期，移动网络的终端用户上升，高速数据业务获得发展，网络规模进一步扩大，在市区可能会出现一些热点地区发生话务拥塞，对于这种小范围或者个别小区的业务量过载，可以采取以下手段。

（1）相邻小区间话务量分流

当热点小区与相邻小区的负荷有较大差异时，调整切换区域、调整呼叫接入时的目标小区和切换目标小区等，在不影响业务质量的前提下，将系统负荷从热点小区向相邻负荷轻的小区转移，实现小区间负荷平衡，达到分流话务量的目的。

（2）系统间话务量分流

（3）扩容

当参数调整不能解决话务拥塞问题时，只能采取物理的扩容方式，如果在热点小区中数据业务的下载较多，下行容量受限，那么扩容可首先采取发射分集、加功放的方式缓解拥塞状况，除此之外，加载波也是一种很有效的方式。

2. 大面积的业务量过载

随着移动互联网业务日趋成熟，当移动网络的终端用户增长到较高比例时，会出现大面积的业务量过载，对此可以采取如下手段。

（1）系统间业务分流

移动网络已发展成熟，不能采用系统内的负荷均衡来进行缓解，可以采取系统间负荷均衡的方法，也可以根据负荷和业务种类来选择网络，如语音由窄带网络承担，高速数据业务由宽带移动网络承担。

（2）扩容

如果移动业务发展良好，当出现大面积的业务量过载时，最有效的手段还是进行物理扩容，一般可以采取加载或加站的方式。对于密集城区，在规划阶段由于考虑到后期扩容加站较复杂，通常以较高负载较密的站距进行布站，所以在后期扩容时采用加载波的方式，而对于郊区及农村等地区规划时，以较稀的站距布站，可首先采用加站的方式进行扩容，当业务量发展一定程度时，再采取加载波的方式。

3. 突发业务量引起的过载

对那些不能预料的高话务突发时，可以采用以下手段：

（1）增加 GSM 应急通信车，并把语音呼叫转移到 GSM；

（2）使用异频应急通信车，进行负荷分担；

（3）提高本小区的切入门限，限制用户的切入；降低本小区的切出门限，尽量将用户切出本小区，将话务量分担到相邻小区；

（4）使用较低的话音业务，以容纳更多用户；

（5）同覆盖的 GSM 小区可承担一部分话音业务；

（6）使用第二频点及启动异频切换机制，转移语音用户；

（7）对 PS 域采取灵活的资源分配及调配策略；

（8）覆盖优化也是一种方式，如调整本小区的下倾角，使本小区覆盖范围缩小，以换得容量的增益，但是这种方式会对覆盖产生影响，一般情况下不要采用。

9.3.2　其他因素造成的容量下降及优化措施

干扰是 CDMA 系统和 LTE 系统容量下降的主要因素，干扰是决定系统容量的关键因素，干扰越大，系统的容量就越小。不同的是，CDMA 是自干扰系统，而 LTE 的干扰主要来自相邻小区。

由于 CDMA 系统本身是一个自干扰系统，所以它的干扰要区分是网内干扰还是网外干扰，引起网内干扰的因素很多，弱覆盖、越区覆盖、高站、导频污染、话务热点位于小区边缘处都会引起本小区内干扰加大，降低系统容量；高负载的小区也容易干扰相邻小区，因此在 CDMA 系统中，控制好小区的覆盖范围、保证覆盖质量及均衡各个小区的负载，对于系统的容量是非常重要的。

如果是越区覆盖或高站引起的网内干扰，那么在找出干扰源小区后，通过加大其下倾角，调整方位角，减小导频发射功率或者业务信道最大发射功率，降低其对别的小区带来的影响；如果是弱覆盖引起的网内干扰，则需要提高本小区的覆盖质量，通过加大发射功率等增强覆盖；如果是由高负载邻区引起的干扰过大，那么采取拥塞控制、负荷均衡、动态信道分配等手段降低或分担邻区负荷，以降低干扰，提升容量。

如果是网外干扰，就应该进行相关的电磁干扰测试，并把相关结果提交无线电管理机构解决。

对于 LTE 网络，干扰控制主要通过网络协调、无线资源分配等方式实现，是系统内部优化。

9.4 蜂窝移动网络优化案例

9.4.1 3G用户下切2G网络问题的优化

正常情况下3G终端优先在3G网络中使用数据业务，但存在种种原因导致3G终端在2G网络建立数据连接。由于2G网络的速度明显慢于3G网络，理论上上网最高下载速率由3G网络的3.1Mbps下降为153.6kbps，最高下载速率下降20倍，3G用户切换至2G网络将严重影响用户感知，导致3G用户下切2G的主要原因是覆盖、容量、参数设置等。

优化案例之一是覆盖优化。深圳3区BSC3的3G下切2G流量比指标较差，在对其话务报告分析中发现龙岗西二村最为严重，其一天3G下切2G次数高达2000多次，约占到整个BSC的4%，量比只有5左右，严重影响到了整个BSC的流量比指标，该站点周边站点稀疏，周边道路覆盖差，楼宇比较密集，特别是CDMA-20001xEv-Do的SINR优良比差。在该处规划建设河龙岗三阳宾馆增强覆盖，开通入网后效果改善明显，覆盖改善后周边5个站点簇总的3G切2G流量比由18提升到53，总流量没变化，下切次数由4015次下降到1284次，效果明显，下切2G减少次数占整个BSC 3G总下切2G次数的6%左右。

优化案例之二是功率优化。龙岗迎丰年公寓3G下切2G流量比指标较差，周平均流量比为18左右，其一天3G下切2G次数高达1500多次，严重影响到了整个BSC的流量比指标， 需要进行优化。为降低信号的过多重叠覆盖，突出主导频信号，需重点解决超远越区覆盖和近距离弱覆盖问题。但龙岗迎丰年公寓不存在超远覆盖的情况，所以重点考虑近距离弱覆盖的问题由于该点由于扩容的原因，导致CDMA2000 1XEv-Do载频无法配置最大功率，所以并入一个RRU进行功率扩容，重新分配功率，从而增加CDMA2000 1XEv-Do单载频的功率，加强覆盖。龙岗迎丰年公寓功率调整后，下切次数由平均1355次下降到606次，效果明显，3G下切2G流量比由23.49提升到52.7，提升幅度达12倍，环比由19.16提升到52.7。

9.4.2 TD-LTE网络优化

TD-LTE网络采用的是同频组网模式，小区间的干扰就成为TD-LTE网络优化工作的关键。目前的策略是网络系统采取FSS（Fixed-Satellite Service，固定卫星业务）、

ICIC（Inter Cell Interference Coordination，小区间干扰协调）等技术手段来消除和减少小区间的干扰。大规模建设 TD-LTE 网络还需要控制系统之间的相互干扰。系统间的干扰会影响 TD-LTE 网络的数据传输，如 D 频段会遭受到来自 WiMAX（Worldwide Interoperability for Microwave Access，全球微波接入互操作性）和 MMDS（Multichannel Multipoint Distribution Services，多信道多点分配业务）的同频干扰、F 频段会受到来自 DCS（Digital Cellular System，数字蜂窝系统）高端频点的干扰。TD-LTE 网络无线资源的管理算法较之前的网络更为复杂，数据也更多。

由于当前我国的 TD-LTE 网络还处在初级的网络建设阶段，正在由当前的热点有效覆盖和广覆盖转化为厚度覆盖和深度覆盖，这个关键阶段最容易出现的问题就是网络的弱覆盖问题。出现该问题的原因在于 TD-LTE 频段较高，传播过程中会出现较大的损耗，进而对 TD-LTE 网络的传输质量产生一定的影响。此外，造成弱覆盖问题的原因还有邻区配置不合理、站址结构不合理、硬件故障和天馈系统设计不合理等问题。

- 现象描述：测试终端在福前路及下新塘附近部分路段上，接收信号的 RSRP 基本在−110dBm 左右，信号较弱。
- 问题分析与解决方案：两个小区重叠部位的覆盖都较弱，在此处形成了一小段弱覆盖。根据此处的 RSRP（Reference Signal Receiving Power，参考信号接收功率）及覆盖分析，可以判断其中一个小区的方位角基本正确，如果其朝向弱覆盖区域方向无阻挡，可以考虑调整 30°左右加强该区域的覆盖。

TD-LTE 网络的干扰问题是影响网络质量的重要问题。干扰主要分为上行干扰和下行干扰，具体如下：（1）上行干扰是指信号受到了影响，其影响体现在移动网络的上行频段，同时造成基站覆盖率的降低。当出现上行干扰时，会造成基站与智能终端之间的联系受到一定程度的影响；（2）下行干扰是指信号受到了影响，其影响体现在移动网络的下行频段，造成智能终端无法分辨正常的基站信号，从而导致信号中断，不能实现通话功能。

- 现象描述：UE 终端在永祥街由西往东移动时，在接收到的信号 RSRP 为－90dBm 左右时持续差 SINR。
- 问题分析：UE 在该路段先占用家居生活广场 SM_1 小区（PCI：411），RSRP 为－90dBm 左右，受到 RSRP 为－90dBm 左右的半山洄龙村 SM_1 小区（PCI：396）的模 3 干扰；接着切换至半山洄龙村 SM_1 小区，同样受到了家居生活广场 SM_1 小区的模 3 干扰；导致该路段的 SINR 较差。从小区覆盖分布看，家居生活广场 SM_1 和半山洄龙村 SM_1 天线正对。
- 优化方案：建议调整家居生活广场 SM_1 小区的 PCI。

小区优化参数当前值建议值：

家居生活广场 SM_1 PCI 411 413

家居生活广场 SM_3 PCI 413 411

网络覆盖混乱导致导频污染也是 TD-LTE 网络常见的问题。

- 现象描述：UE 在永华街与华西路交界路口的路段占用的信号 RSRP 较弱，特别是永华街在路口右边段，同时信号的 SINR 较差，没有稳定的主覆盖小区，切换频繁。
- 问题分析：UE 在问题路段主要占用永丰村 SM_2、永丰村 SM_3、半山桥 SM_1、半山桥 SM_2、龙鼎大酒店 SM_3 等距离大于 400m 的较远的基站小区，从地理上看，泰地洄陇湖底 SM 基站应该为问题路段的主覆盖基站小区，UE 在该路段没有接收到该基站的信号，由 OMC 查看泰地洄陇湖底基站状态和告警，发现该站在 2013 年 6 月 20 日开始退出服务。因此，该路段弱覆盖是由于泰地洄陇湖底基站退服，导致覆盖缺失形成网络弱覆盖。
- 优化方案：建议对泰地洄陇湖底 SM 基站进行站点故障维护。

9.5 OFDAM 系统基于功率分配的干扰协调机制

LTE 由于采用了 OFDM/OFDMA 等先进技术，频率复用因子达到 1，系统容量显著优于 CDMA。但频率复用因子 1 导致小区间干扰严重，使得小区边沿用户通信容量降低，减小小区间干扰是 LTE 重要的技术问题。为了很好地解决这一热点问题，3GPP（第三代合作伙伴计划）标准组织定制出了三种方案，它们分别是干扰消除、干扰协调和干扰随机化，其中最主要的是干扰协调中的频率协调和功率协调及干扰消除中的资源分配联合协调。小区间干扰协调方案主要是采用限制小区间下行链路资源协作管理等策略，以抑制小区间干扰，包括可用时频资源、可用传输功率等。这种限制能有效提高信干比（SINR）和小区边缘数据率，并有助于扩大小区覆盖范围。在 3GPP LTE 和 3GPP2 UMB 提案中，小区间干扰协调是一种抑制小区间干扰的重要技术。

小区间干扰协调通常包括频率协调和功率协调两部分。功率协调即小区间功率控制是无线移动通信系统中干扰的抑制和资源合理分配的关键技术之一，通过运用功率控制技术，可以使每个用户在满足通信质量的前提下降低其发射天线的功率，以最小的功率来通信，这样也减少了对其他用户的干扰，使系统容量得到了提升。由于用户在小区内是不断移动的，其发射功率随其与基站距离的变化而发生相应的变化。当它靠近基站移动时，就减小发射功率；当它远离基站移动时，就增大其发射功率，以此来消除路径损耗带来的影响。所以，为了达到大容量、减小干扰的目的，进行功率控制必不可少。

这里给出一种基于正交频分多址（OFDMA，Orthogonal Frequency Division Multiple Access）频率复用因子为 1 的多小区系统中，基于信干比（SINR，Signal to Interference plus Noise Ratio）平衡的多小区自适应功率分配算法（MAP-BSINR，Multicell Adaptive Power allocation Based on SINR balance），该算法通过平衡各组同频子信道上用户的 SINR，协调每组同频子信道上用户的发送功率，达到提高用户公平性的目的，同时降低了小区间的同频干扰，保障了系统的整体吞吐量。

1. 优化目标

在 OFDMA 系统中，假设系统带宽为 B，一组连续子载波可以组成一个子信道，设子信道数为 N，每个子信道的带宽为 $B_n= B/N$，其标号为 1～N，并规定每个子信道在一次调度中只能分配给一个用户。考虑 I 个具有同频干扰的相邻小区，每个小区活跃的用户数为 K，不同小区中标号相同的子信道称为同频子信道。最后假设信道状态信息（CSI，Channel State Information）可以通过控制信道无差错无延时地反馈到基站，并规定 CSI 主要包含 $g_{i,k,n}$ 和 $g_{j,k,n}^{i}$ 的信息。$g_{i,k,n}$ 表示第 i 个小区中的第 k 个用户在第 n 个子信道上的增益，$g_{j,k,n}^{i}$ 表示该用户在其他小区同频干扰信道上的增益。考虑多小区系统对公平性和吞吐量的要求，提出如下的优化目标：

$$\max\sum_{i=1}^{I}\sum_{k=1}^{K}\sum_{n=1}^{N}a_{i,k,n}c_{i,k,n}$$

$$\text{s.t.}\begin{cases}\sum\limits_{k=1}^{K}\sum\limits_{n=1}^{N}a_{i,k,n}p_{i,k,n}\leqslant p_i^{\text{total}}\\ \overline{R_{i,j}}:\cdots:\overline{R_{i,k}}=r_{i,1}:\cdots:r_{i,K}\\ \sum\limits_{k=1}a_{i,k,n}=1\end{cases}\tag{9-1}$$

式中，3 个约束条件分别为：对每个基站的功率约束（p_i^{total} 为第 i 个基站的发射功率上限）、公平性约束、信道分配约束。其中，$a_{i,k,n}$=1 表示第 i 个基站的第 n 个子信道分配给用户 k，$a_{i,k,n}$=0 则相反；$c_{i,k,n}$=1 为第 i 个小区的第 k 个用户占用第 n 个子信道时的吞吐量；$\overline{R}_{i,k}$ 为第 i 个小区的第 k 个用户的平均速率。

在要求误码率（BER，Bit Error Rate）一定的条件下，根据香农公式可得

$$c_{i,j,k}=B_n\log_2\left(1+\frac{r_{i,k,n}}{\Gamma}\right)\tag{9-2}$$

式中，$\Gamma=-\frac{\ln(5\times \text{BER})}{1.5}$。

第 i 个用户在第 k 个小区的信道 n 上的 SINR 为

$$r_{i,k,n}=\frac{g_{i,k,n}p_{i,k,n}}{\sum\limits_{j=1,j\neq i}^{I}g_{j,k,n}^{i}p_{j,k,n}+\sigma^2} \tag{9-3}$$

式中，σ 为系统白噪声，$p_{i,k,n}$ 为第 i 小区的用户 k 在第 n 个子信道上所分得的发送功率。

式（9-3）的最优解，要联合考虑基站所有用户在每个子信道上的信道状态，计算过程中所需的数据量大幅上升，因信道子载波为线性整数的，故而导致算法复杂度大大提高。

2．优化目标求解

该优化目标是 NP-hard 的整数非线性问题，难以得到闭式解，一般采用带迭代解法，将其分解为两步：（1）在等功率假设下，采用贪婪定理的子载波分配；（2）子载波分配确定下，基于注水定理的子载波功率分配。

习　　题

1．说明小范围或者个别小区的业务量过载时，可采取哪些优化措施。
2．说明大面积的业务量过载时，可采取哪些优化措施。
3．查资料，综述 LTE 网络导频污染时，可采取哪些优化措施。

参 考 文 献

[1] 王文博，彭木根. 3G无线资源管理与网络规划优化. 北京：人民邮电出版社，2006.
[2] Andrea Goldsmith，Wireless Communications. 北京：人民邮电出版社，2007.
[3] 杨大成，移动传播环境. 北京：机械工业出版社，2003.
[4] 张天魁，冯春燕，等. B3G/4G移动通信系统中的无线资源管理. 北京：电子工业出版社，2011.
[5] 黄标，彭木根，等. 无线网络规划与优化. 北京：北京邮电大学出版社，2011.
[6] 啜钢，王文博，常永宇，等. 移动通信原理与系统（第二版）.北京：北京邮电大学出版社，2009.
[7] Jaana Laiho，Achim Wacker. Radio Network Planning and Optimisation for UMTS. USA，John Wiley & Sons Ltd, 2006.
[8] 啜钢. CDMA无线网络规划与优化. 北京：机械工业出版社，2004.
[9] 张智江，朱士均，张云勇. 3G核心网技术. 北京：国防工业出版社，2005.
[10] 刘学观. 微波技术与天线. 西安：西安电子科技大学出版社，2006.
[11] 沈嘉，索士强，全海洋. 3GPP长期演进技术原理与系统设计. 北京：人民邮电出版社，2008.
[12] 林华蓉. LTE室内分布系统分场景建设方案研究. 邮电设计技术，2014，12，24-27.
[13] 王超. 移动通信室内分布系统设计研究. 邮电设计技术，2004，02，44-48.
[14] 张锦春，胡谷雨. 宽带多媒体业务的业务量模型. 电视技术，2002，11，16-36.
[15] 张慧瑜，杜明辉. WCDMA系统混合业务下的小区容量预测与仿真. 微计算机信息，2006，05，186-187.
[16] 傅海阳，陈技江，曹士坷. MIMO系统和无线信道容量研究. 电子学报，2011，10(39)：2221-2229.
[17] 陶小峰，吴慧慈，许晓东. 非均匀密集无线组网. 中兴通讯技术，2016，3(22)，2-5.
[18] 许方敏，陶小峰，许晓东. 软分数频率复用. 中兴通讯技术，2007，2，17-19.
[19] 陶小峰，吴春丽，许晓东. 一种广义分布式多小区架构——群小区. 中兴通讯技术，2006，02，6-9.
[20] 刘韵洁，张云勇，张智杰. 下一代网络服务质量技术. 北京：电子工业出版社，2005.
[21] 尤肖虎，潘志文，高西奇. 5G移动通信发展趋势与若干关键技术. 中国科学：信息科学，2014，5(44)，551-563.
[22] 王勇，蒋锋，张平. 基于TDD的B3G/4G技术研究开发与进展. 移动通信，2006，10，36-40.
[23] 周戈，吴钰锋，张挺记. 3G用户下切2G网络问题的优化方法. 电信科学，2014，28-34.
[24] 李泉. TD-LTE网络优化分析和形究. 移动通信，2016，10，3-6.
[25] 李俊杰. 浅析LTE网络优化方法与思路无线互联科技. 通信观察，2015，10，16-17.

反侵权盗版声明